〔宋〕袁采 撰
〔宋〕劉清之 撰

歷代家訓經典

（三）

萬卷出版有限責任公司
VOLUMES PUBLISHING COMPANY

詳校官中書臣孫球

欽定四庫全書　　子部一

提要　　儒家類

袁氏世範三卷

臣等謹案袁氏世範三卷宋袁采撰考衢州府志采字君載信安人登進士第三宰劇邑以廉明剛直稱仕至監登聞檢院陳振孫書録解題稱采嘗宰樂清脩縣志十卷王圻續文獻通考又稱其令政和時著有政和雜志

縣令小録今皆不傳是編即其在樂清時所作分睦親處已治家三門題曰訓俗府判劉鎮為之序始更名世範其書於立身處世之道反覆詳盡所以砥礪末俗者極為篤摯雖家塾訓蒙之書意求通俗詞句不免於鄙淺然大要明白切要使覽者易知易從固不失為顏氏家訓之亞也明陳繼儒嘗刻之祕笈中字句訛脱特甚今以永樂大典所載宋本

互相校勘補遺正誤仍從文獻通考所載勒為三卷云乾隆四十五年十月恭校上

總纂官臣紀昀臣陸錫熊臣孫士毅

總校官臣陸費墀

袁氏世範原序

思所以為善又思所以使人為善者君子之用心也三衢袁公君載德足而行成學博而文富以論思獻納之姿屈試一邑學道愛人之政武城絃歌不是過矣一日出所為書三卷示鎮曰是可以厚人物而美習俗吾將版行于茲邑子其為我是正而為之序鎮熟讀詳味者數月一曰睦親二曰處已三曰治家皆數十條目其言則精確而詳盡其意則敦厚而委曲習而行之誠可以為

孝弟為忠恕為善良而有士君子之行矣然是書也豈唯可以施之樂清達諸四海可也豈惟可以行之一時垂諸後世可也噫公為一邑而切切焉欲以為已者為人如此則他日致君澤民其思所以兼善天下之心蓋可知矣鎮于公為太學同舍生今又蒙賴于桑梓荷意不鄙乃敢冠以骫骳之文而欲目是書曰世範可乎君載諱采淳熙戊戌中元日承議郎新權通判隆興軍府事劉鎮序

同年鄭公景元貽書謂余曰昔温國公嘗有意于是止以家範名其書不曰世也若欲為一世之範模則有箕子之書在今恐名之者未必人不以為謟而受之者或以為僭宜從其條目此真確論正契余心敢不敬從且刋其言于左使見之者知其不為府判劉公之云亡而私變其説也采謹書

袁氏世範卷上

宋 袁采 撰

睦親

人之至親莫過于父子兄弟而父子兄弟有不和者父子或因其責善兄弟或因于爭財有不因責善爭財而不和者世人見其不和或就其中分别是非而莫明其由蓋人之性或寛緩或褊急或剛暴或柔懦或嚴重或輕薄或持撿或放縱或喜閒靜或喜紛拏或所見者小

或所見者大所稟自是不同父必欲子之性合于己子之性未必然兄必欲弟之性合于己弟之性未必然其性不可得而合則其言行亦不可得而合此父子兄弟不和之根源也況凡臨事之際一以為是一以為非一以為當先一以為當後一以為宜急一以為宜緩其不齊如此若互欲同于己必致爭論爭論不勝至于再三至于十數則不和之情自茲而啟或至于終身失歡若悉悟此理為父兄者通情于子弟而不責子弟之同于

已為子弟者仰承于父兄而不望父兄之惟已之聽則處已之際必相和協無乖爭之患孔子曰事父母幾諫見志不從又敬不違勞而不怨此聖人教人和家之要術也宜熟思之

人之父子或不思各盡其道而互相責備者尤啟不和之漸也若各能反思則無事矣為父者曰吾今日為人之父蓋前日嘗為人之子矣凡吾前日事親之道每事盡善則為子者得于見聞不待教詔而知傚倘吾前日

事親之道有所未善將以責其子得不有愧于心為子者曰吾今日為人之子則他日亦當為人之父今父之撫育我者如此畀付我者如此亦云厚矣他日吾之待其子不異于吾之父則可以俯仰無愧若或不及非惟有負于其子亦何顏以見其父然世之善為人子者常善為人父不能孝其親者常欲虐其子此無他賢者能自反則無往而不善不賢者不能自反為人子則多怨為人父則多暴然則自反之說惟賢者可以語此

慈父固多敗子子孝而或不察蓋中人之性父遇强則避遇弱則肆父嚴而子知所畏則不敢為非父寬則子玩易而恣其所行矣子之不肖父多優容子之愿慤父或責備之無已惟賢智之人即無此患至于兄友而弟或不恭弟恭而兄或不友夫正而婦或不順婦順而夫或不正亦由此强即彼弱此弱即彼强積漸而致之為人父者能以他人之不肖子喻己子為人子者能以他人之不賢父喻己父則父慈而子愈孝子孝而父亦慈無

偏勝之患矣至如兄弟夫婦亦各能以他人之不及者喻之則何患不友恭正順者哉

自古人倫賢否相雜或父子不能皆賢或兄弟不能皆令或夫流蕩或妻悍暴少有一家之中無此患者雖聖賢亦無如之何譬如身有瘡痍疣贅雖甚可惡不可決去惟當寬懷處之能知此理則胸中泰然矣古人所以謂父子兄弟夫婦之間人所難言者如此

子之于父弟之于兄猶卒伍之于將帥胥吏之于官曹

奴婢之于雇主不可相視如朋輩事事欲論曲直若父兄言行之失顯然不可掩子弟止可和顏幾諫若以曲理而加之子弟尤當順受而不當辯為父兄者又當自省

人言居家久和者本于能忍然知忍而不知處忍之道其失尤多蓋忍或有藏蓄之意人之犯我藏蓄而不發不過一再而已積之既多其發也如洪流之決不可遏矣不若隨而解之不置胸次曰此其不思爾曰此其無知爾曰此其失誤爾曰此其所見者小爾曰此其利害寧

幾何不使之入于吾心雖日犯我者十數亦不至形于言而見于色然後見忍之功效為甚大此所謂善處忍者

骨肉之失歡有本于至微而終至不可解者止由失歡之後各自負氣不肯先下爾朝夕羣居不能無相失相失之後有一人能先下氣與之話言則彼此酬復遂如平時矣宜深思之

興盛之家長幼多和協葢所求皆遂無所爭也破蕩之

家妻孥未嘗有過而家長每多責罵者衣食不給觸事不諧積忿無所發惟可施于妻孥之前而已妻孥能知此則尤當奉承

高年之人作事有如嬰孺喜得錢財微利喜受飲食果實小惠喜與孩童玩狎爲子弟者能知此而順適其意則盡其歡矣

人之孝行根于誠篤雖繁文末節不至亦可以動天地感鬼神嘗見世人有事親不務誠篤乃以聲音笑貌繆

為恭敬者其不為天地鬼神所誅則幸矣況望其世世篤孝而門戶昌隆者乎苟能知此則自此而往凡與物接皆不可不誠有識君子試以誠與不誠較其久遠效驗孰多

人當嬰孺之時愛戀父母至切父母于其子嬰孺之時愛念尤厚撫育無所不至蓋由氣血初分相去未遠而嬰孺之聲音笑貌自能取愛于人亦造物者設為自然之理使之生生不窮雖飛走微物亦然方其子初脫胎

卵之際乳飲哺啄必極其愛有傷其子則護之不顧其身然人于既長之後分稍嚴而情稍疎父母方求盡其慈子方求盡其孝飛走之屬稍長則母子不相認識此人之所以異于飛走也然父母于其子幼之時愛念撫育有不可以言盡者子雖終身承顏致養極盡孝道終不能報少小愛念撫育之恩況孝道有不盡者凡人之不能盡孝道者請觀人之撫育嬰孺其情愛如何當終自悟亦由天地生育之道所以及人者至廣至大而人之

回報天地者何在有對虚空焚香跪拜或名羽流齋醮上帝則以為能報天地果足以報其萬分之一乎况又有怨咨于天地者皆不能反思之罪也

人之有子多于嬰孺之時愛忘其醜恣其所求恣其所為無故呌號不知禁止而以罪保母凌轢同輩不知戒約而以咎他人或言其不然則曰小未可責日漸月漬養成其惡此父母曲愛之過也及其年齒漸長愛心漸疎微有疵失遂成憎怒摭其小疵以為大惡如遇親故

粧飾巧辭歷歷陳數斷然以大不孝之名加之而其子實無他罪此父母妄憎之過也愛憎之私多先于母氏其父若不知此理則徇其母氏之說牢不可解為父者須詳察之子幼必待以嚴子壯無薄其愛

人之有子須使有業貧賤而有業則不至于饑寒富貴而有業則不至于為非凡富貴之子弟耽酒色好博奕異衣服飾輿馬與羣小為伍以至破家者非其本心之不肖由無業以度日遂起為非之心小人賛其為非則

有餔啜錢財之利常乘間而翼成之子弟痛宜省悟

大抵富貴之家教子弟讀書固欲其取科第及深究聖賢言行之精微然命有窮達性有昏明不可責其必到尤不可因其不到而使之廢學蓋子弟知書自有所謂無用之用者存焉史傳載故事文集妙詞章與夫陰陽卜筮方技小說亦有可喜之談篇卷浩博非歲月可竟子弟朝夕于其間自有資益不暇他務又必有朋黨業儒者相與往還談論何至飽食終日無所用心而與小

人為非也

人有數子飲食衣服之愛不可不均一長幼尊卑之分不可不嚴謹賢否是非之迹不可不分別幼而示之以均一則長無爭財之患幼而教之以嚴謹則長無悖慢之患幼而有所分別則長無為惡之患今人之于子喜者其愛厚而惡者其愛薄初不均平何以保其他日無爭少或犯長而長或凌少初不訓責何以保其他日不悖賢者或見惡而不肖者或見愛初不允當何以保其

他日不為惡

人之兄弟不和而至于破家者或由于父母憎愛之偏衣服飲食言語動靜必厚于所愛而薄于所憎見愛者意氣日横見憎者心不能平積久之後遂成深讐所謂愛之適所以害之也苟父母均其所愛兄弟自相和睦可以兩全豈不甚善

父母見諸子中有獨貧者往往念之常加憐恤飲食衣服之分或有所偏私子之富者或有所獻則轉以與之

此乃父母均一之心而子之富者或以為怨此殆未之思也若使我貧父母必移此心于我矣

人之子孫雖見其作事多拂已意亦不可深憎之大抵所愛之子孫未必孝或早夭而暮年依託及身後葬祭多是所憎之子孫其他骨肉皆然請以他人已驗之事觀之

同母之子而長者或為父母所憎幼者或為父母所愛此理殆不可曉竊嘗細思其由盖人生一二歲舉動笑

語自得人憐雖他人猶愛之況父母乎纔三四歲至五六歲恣性啼號多端乖劣或損動器用冒犯危險凡舉動言語皆人之所惡又多癡頑不受訓戒故雖父母亦深惡之方其長者可惡之時正值幼者可愛之日父母移其愛長者之心而更愛幼者其憎愛之心從此而分遂成迤邐最幼者當可惡之時下無可愛之者父母愛無所移遂終愛之其勢或如此為人子者當知父母愛之所在長者宜少讓幼者宜自抑為父母者又須覺悟

稍稍回轉不可任意而行使長者懷怨而幼者縱欲以致破家

父母于長子多不之愛而祖父母于長孫常極其愛此理亦不可曉豈亦由愛少子而遷及之耶

凡人之子性行不相遠而有後母者獨不爲父所喜父無正室而有寵婢者亦然此固父之昵于私愛然爲子者要當一意承順則天理久而自協凡人之婦性行不相遠而有小姑者獨不爲舅姑所喜此固舅姑之愛偏

然為兒婦者要當一意承順則尊長久而自悟或父或舅姑終于不察則為子為婦無可奈何加敬之外任之而已

兄弟子姪同居至于不和本非大有所爭由其中有一人設心不公為已稍重雖是毫末必獨取于衆或衆有所分在已必欲多得其他心不能平遂啟爭端破蕩家産馴小得而致大患若知此理各懷公心取于私則皆取于私取于公則皆取于公衆有所分雖果實之屬直

不數十金亦必均平則亦何爭之有

兄弟子姪同居長者或恃長凌轢卑幼專用其財自取溫飽因而成私簿書出入不令幼者預知幼者至不免饑寒必起爭端或長者處事至公幼者不能承順盜取其財以爲不肖之資尤不能和若長者總提大綱幼者分幹細務長必幼謀幼必長聽各盡公心自然無爭

兄弟子姪貧富厚薄不同富者既懷獨善之心又多驕傲貧者不生自勉之心又多妬嫉此所以不和若富者

時分惠其餘不惜其不知恩貧者知自有定分不望其必分惠則亦何爭之有

朝廷立法於分析一事非不委曲詳悉然有果是竊衆營私却于典買契中稱係妻財置到或詭名置產官中不能盡行根究又有果是起于貧寒不因祖父資產自能奮立營置財業或雖有祖衆財產不因于衆別自殖立私財其同宗之人必求分析至于經縣經州經所在官府累十數年各至破蕩而後已若富者能反思果是

因衆成私不分與貧者於心豈無所慊果是自置財產分與貧者明則為高義幽則為陰德又豈不勝如連年爭訟妨廢家務必資備裹糧與囑託吏胥賄賂官員之徒費耶貧者亦宜自思彼實竊衆亦由辛苦營運以至增置豈可悉分有之況實彼之私財而吾欲受之寧不自愧苟能知此則所分雖微必無爭訟之費也

人有兄弟子姪同居而私財獨厚慮有分析之患者則置金銀之屬而深藏之此為大愚若以百千金銀計之

用以買産歲收必十千十餘年後所謂百千者我已取之其分與者皆其息也況百千又有息焉用以典質營運三年而其息一倍則所謂百千者我已取之其分與者皆其息也況又二年再倍不知其多少何為而藏之篋笥不假此收息以利衆也余見世人有將私財假于衆使之營家久而止取其本者其家富厚均及兄弟子姪綿綿不絶此善處心之報也亦有竊盗衆財或寄妻家或寄内外姻親之家終為其人用過不敢取索及取

索而不得者多矣亦有作妻家姻親之家置產為其人所掩有者多矣亦有作妻名置產身死而妻改嫁舉以自隨者亦多矣凡有君子幸詳鑒此止須存心

兄弟同居甲者富厚常慮為乙所擾十數年間或甲破壞而乙乃增進或甲亡而其子不能自立乙反為甲所擾矣有以兄弟分析有幸應分人典賣而已欲執贖則將所分舊產邱邱段段平分或以兩旁分與應分人而已分處中往往應分人未賣而已分先賣反為應分人

執鄰取贖者多矣有諸父俱亡作諸子均分而無兄弟者分後獨昌多兄弟者分後浸微者有多兄弟之人不願作諸子均分而兄弟各自昌盛勝于獨據全分者有以兄弟累衆而已累獨少力求分析而分後浸微反不若累衆之人昌盛如故者有以分析不平屢經官求再分而分到財産隨即破壞反不若被論之人昌盛如故者世人若知智術不勝天理必不起爭訟之心

兄弟義居固世之美事然其間有一人早亡諸父與子

姪其愛稍疎其心未必均齊為長而欺瞞其幼者有之為幼而悖慢其長者有之顧見義居而交爭者其相疾有甚于路人前日之美事乃甚不美矣故兄弟當分宜早有所定兄弟相愛宜異居異財亦不害為孝義一有交爭則孝義何在

兄弟子姪有同門異戶而居者于衆事宜各盡心不可令小兒婢僕有擾于衆雖是細微皆起爭之漸且衆之庭宇一人勤于掃洒一人全不知顧勤掃洒者已不能

平况不知顧者又縱其小兒奴僕常常狼籍且不容他人禁止則怒罵失歡多起于此

同居之人有不賢者非理以相擾若間或一再尚可與辯至于百無一是且朝夕以此相臨極為難處同鄉及同官亦或有此當寬其懷抱以無可奈何處之

父之兄弟謂之伯父叔父其妻謂之伯母叔母服制減于父母一等者葢謂其撫字教育有父母之道與親父母不相遠而兄弟之子謂之猶子亦謂其奉承服孝有

子之道與親子不相遠故幼而無父母者苟有伯叔父母則不至于無所養老而無子孫者苟有猶子則不至于無所歸此聖王制禮立法之本意今人或不然自愛其子而不顧兄弟之子又有因其無父母欲兼其財百端以擾害之何以責其猶子之孝故猶子亦視其伯叔父母如仇讎矣

人有數子無所不愛而為兄弟則相視如仇讎往往其子因父之意遂不禮于伯父叔父者殊不知己之兄弟

即父之諸子己之諸子即他日之兄弟我于兄弟不和則己之諸子更相視傚能禁其不乖戾否子不禮于伯叔父則不孝于父亦其漸也故欲吾之諸子和同須以吾之處兄弟者示之欲吾子之孝于己須以其善事伯叔父者先之凡人之家有子弟及婦女好傳遞言語則雖謂舅姑伯叔妯娌皆假合强爲之稱呼非自然天屬故輕于割恩易于脩怨非丈夫有遠識則爲其役而不自覺一家之中乖變生矣于是有親兄子姪隔屋連牆至

死不相往來者有無子而不肯以猶子為後有多子而不以移與兄弟者有不恤兄弟之貧養親必欲如一寧棄親而不顧者有不恤兄弟之貧葬親必欲均費寧留喪而不葬者其事多端不可概述亦嘗見有遠識之人知父母之不可諫誨而外與兄弟相愛常不失歡私救其所急私賙其所乏不使婦人知之彼兄弟之貧者雖深怨其婦女而重愛其兄弟至于當分析之際不敢以貧故而貪愛其兄弟之財產者蓋由見識高遠之人不

聽婦女之言而先施之厚因以得兄弟之心也

婦女之易生言語者又多出于婢妾之間婢妾愚賤尤無見識以言他人之短失為忠于主母若婦女有見識能一切勿聽則虚佞之言不復敢進若聽之信之從而愛之則必再言之又言之使主母與人遂成深讐為婢妾者方洋洋得志非特婢妾為然僕隸亦多如此若主翁聽信則房族親戚故舊皆大失歡而善良之僕佃皆翻致誅責矣

房族親戚隣居其貧者纔有所闕必請假焉雖米鹽酒醋計錢不多然朝夕頻頻令人厭煩如假借衣服器用既爲損污又因以質錢借之者歷歷在心日望其償其借者非惟不償又行行常自若且語人曰我未嘗有纖毫假貸于他此言一達豈不招怨怒一應親戚故舊有所假貸于他隨力給與之言借則我望其還不免有所索索之既頻而負償怨主反怒曰我欲償之以其不當頻索則姑已之方其不索則又曰彼不下氣問我我何

為而強還之故索而不償不索亦不償終于交怨而後已蓋貧人之假貸初無肯償之意縱有肯償之意亦何由得償或假貸作經營又多以命窮計拙而折閱方其始借之時禮甚恭言甚遜其感恩之心可指日以為誓至他日責償之時恨不以兵刃相加凡親戚故舊因財成怨者多矣俗謂不孝怨父母欠債怨財主不若念其貧隨吾力之厚薄舉以與之則我無責償之念彼亦無怨于我

子孫有過為父祖者多不自知貴宦尤甚蓋子孫有過多掩蔽父祖之耳目外人知之竊笑而已不使其父祖知之至于鄉曲貴宦人之進見有時稱道盛德之不暇豈敢言其子孫之非況又自以子孫為賢而以人言為誣故子孫有彌天之過而父祖不知也閒有家訓稍嚴而母氏猶有庇其子之惡不使其父知之富家之子孫不肖不過耽酒好色賭博近小人破家之事而已貴宦之子孫不止此也其居鄉也强索人之酒食强貸人之

錢財強借人之物而不還強買人之物而不償親近羣小則使之假勢以凌人侵害善良則多致飾辭以妄訟鄉人有曲禮犯法事認為已事名曰擔當鄉人有爭訟則偽作父祖之簡干懇州縣求以曲為直差夫借舡放稅免罪以其所得為酒色之娛殆非一端也其隨侍也私令市賈買物私令吏人買物私託場務買物皆不償其直吏人補名吏人免罪吏人有優潤皆必責其報典賣婢妾限以低價而使他人填賠或同院子游狎或干

場務放税其他妄有求覔亦非一端不恤誤其父祖陷

于刑辟也凡為人父祖者宜知此事常關防更常詢訪

或庶幾焉

子弟有愚繆貪污者自不可使之仕宦古人謂治獄多

陰德子孫當有興者謂利人而人不知所自則得福今

其愚繆必以獄訟事悉委胥輩改易事情庇惡陷善豈

不與陰德相反古人又謂我多陰謀道家所忌謂害人

而人不知所自則得禍今其貪污必與胥輩同謀貨鬻

公事以曲為直人受其冤無所告訴豈不謂之陰謀士大夫試歷數鄉曲三十年前宦族今能自存者僅有幾家皆前事所致也有遠識者必信此言

同居父兄子弟善惡賢否相半若頑狠刻薄不惜家業之人先死則其家興盛未易量也若慈善長厚勤謹之人先死則其家不可救矣諺云莫言家未成成家子未生莫言家未破破家子未大亦此意也

貧者養他人之子當于幼時蓋貧者無田宅可養暮年

惟望其子反哺不可不自其幼時衣食撫養以結其心富者養他人之子當于既長之時今世之富人養他人之子多以為諱故欲及其無知之時撫養或養所出至微之人長而不肖恐其破家方議逐去致其爭訟若取于既長之時其賢否可以粗見苟能溫淳守已必能事所養如所生且不致破家亦不致興訟也

多子固為人之患不可以多子之故輕以與人須俟其稍長見其溫淳守已舉以與人兩家獲福如在襁褓即

以與人萬一不肖既破他家必求歸宗往往興訟又破我家則兩家受其禍矣

養異姓之子非惟祖先神靈不歆其祀數世之後必與同姓通婚姻者律禁甚嚴人多冒之至啓爭端設或人不之告官不之治豈可不思理之所在江西養子不去其所生之姓而以所養之姓冠于其上若複姓者雖于經律無見亦知惡其無别如此

同姓之子昭穆不順亦不可以為後鴻鴈微物猶不亂

行人乃不然至于叔拜侄於理安乎况啟爭端設不得已養弟養侄孫以奉祭祀惟當撫之如子以其財產與之受所養者奉所養如父如古人為嫂制服如今世為祖承重之意而昭穆不亂亦無害也

別宅子遺腹子宜及早收養教訓免致身後論訟或已習為愚下之人方欲歸宗尤難處也女亦然或與雜濫之人通私或婢妾因他事逐去皆不可不于生前早有辨明恐身後有求歸宗而暗昧不明子孫被其害者

世有養孤遺子者及長使為僧道乃從其姓用其三代有族人出家而借用有蔭人三代此雖無甚利害然有還俗求歸宗者官以文書為驗則不可指為非此不可不防微也

賢德之人見族人及外親子弟之貧多收于其家衣食教撫如已子而薄俗乃有貪其財產于其身後強欲承重以為某人嘗以我為嗣矣故高義之事使人病于難行惟當于平日別其居處明其名稱若已嗣未立或他

人之子弟年居已子之長尤不可不明嫌疑于平昔也

娶妻而有前夫之子接脚夫而有前妻之子欲撫養不欲撫養尤不可不早定以息他日之事同入門及不同入門同居及不同居當質之于衆明之于官以絶爭端若義子有勞于家亦宜早有所酬義兄弟有勞有恩亦宜割財産與之不可拘文而盡廢恩義也

寡婦再嫁或有孤女年未及嫁如内外親姻有高義者寧若與之議親使鞠養於舅姑之家俟其長而成親若

隨母而歸義父之家則嫌疑之間多不自明

中年以後喪妻乃人之大不幸幼子幼女無與之撫存飲食衣服凡閨門之事無與之料理則難于不娶娶在室之人則少艾之心非中年以後之人所能御娶寡居之人或是不能安其室者亦不易制兼有前夫之子不能忘情或有親生之子豈免二心故中年再娶為尤難然婦人賢淑自守和睦如一者不為無人特難值耳

婦人不預外事者葢謂夫與子既賢外事自不必預若

夫與子不肖掩蔽婦人之耳目何所不至今人多有游蕩賭博至于鬻田園甚至于鬻其所居妻猶不覺然則夫之不賢而欲求預外事何益也子之鬻產必同其母而偽書契字者有之重息以假貸而兼并之人不憚于論訟貸茶鹽以轉貨而官司責其必償為母者終不能制然則子之不賢而欲求預外事何益也此乃婦人之不幸為之將奈何苟為夫能念其妻之可憐為子能念其母之可憐頓然悔悟豈不甚善

婦人有以其夫蠢懦而能自理家務計筭錢穀出入不能欺者有夫不肖而能與其子同理家務不致破蕩家産者有夫死子幼而能教養其子敦睦内外姻親料理家務至于興隆者皆賢婦人也而夫死子幼居家營生最為難事託之宗族宗族未必賢託之親戚親戚未必賢賢者又不肯預人家事惟婦人自識書筭而所託之人衣食自給稍識公義則庶幾焉不然鮮不破家

人之男女不可于幼小之時便議婚姻大抵女欲得託

男欲得偶若論目前悔必在後蓋富貴盛衰更迭不常

男女之賢否須年長乃可見若早議婚姻事無變易固為甚善或昔富而今貧或昔貴而今賤或所議之婿流蕩不肖或所議之女狼戾不檢從其前約則難保家背其前約則為薄義而爭訟由之以興可不戒哉

男女議親不可貪其閥閱之高資產之厚苟人物不相當則子女終身抱恨況又不和而生他事者乎

有男雖欲擇婦有女雖欲擇壻又須自量我家子女如

何如我子愚癡庸下若娶美婦豈特不和或有他事如我女醜拙狠妬若嫁美壻萬一不和卒為其棄出者有之凡嫁娶因非偶而不和者父母不審之罪也

古人謂周人惡媒以其言語反覆紿女家則曰男富紿男家則曰女美近世尤甚紿女家則曰男家不求備禮且助出嫁遣之資紿男家則厚許其所遷之賄且虛指數目若輕信其言而成婚則責恨見欺夫妻反目至于仳離者有之大抵嫁娶固不可無媒而媒者之言不可

盡信如此宜謹察于始

人之議親多要因親及親以示不相忘此最風俗好處然其間婦女無遠識多因相熟而相簡至于相忽遂至于相爭而不和反不若素不相識而驟議親者故凡因親議親最不可託熟闕其禮文又不可忌其本意極于責備則兩家周緻無他患矣故有侄女嫁於姑家獨為姑氏所惡甥女嫁于舅家獨為舅妻所惡姨女嫁于姨家獨為姨氏所惡皆由玩易于其初禮薄而怨生又有

不審于其初之過者

嫁女須隨家力不可勉强然或財產寛餘亦不可視為他人不以分給今世固有生男不得力而依託女家及身後葬祭皆由女子者豈可謂生女之不如其男也大抵女子之心最為可憐母家富而夫家貧則欲得母家之財以與夫家夫家富而母家貧則欲得夫家之財以與母家為父母及夫者宜憐而稍從之及其有男女嫁娶之後男家富而女家貧則欲得男家之財以與女家

女家富而男家貧則欲得女家之財以與男家爲男女者亦宜憐而稍從之若或割貧益富此爲非宜不從可也

人言光景百年七十者稀爲其倏忽易過而命窮之人晩景最不易過大率五十歲前過二十年如十年五十歲後過十年不啻二十年而婦人之享高年者尤爲難過大率婦人依人而立其未嫁之前有好祖不如有好父有好父不如有好兄弟有好兄弟不如有好姪其既嫁

之後有好翁不如有好夫有好夫不如有好子有好子不如有好孫故婦人多有少壯享富貴而暮年無聊者蓋由此也凡其親戚所宜矜念

人之姑姨姊妹及親戚婦人年老而子孫不肖不能供養者不可不收養然又須關防恐其身故之後其不肖子孫却妄經官司稱其人因饑寒而死或稱其人有遺下囊篋之物官中受其牒必為追證不免有擾須于生前令白之于衆質之于官稱身外無餘物則免他患大

抵要為高義之事須令無後患

父母高年怠于管鑰多將財產均給子孫若父祖出于公心初無偏曲子孫各能戮力不事游蕩則均給之後既無爭訟必至興隆若父祖緣有過房之子緣有前母後母之子緣有子亡而不愛其孫又有雖是一等子孫自有憎愛凡衣食財物所及必有厚薄致令子孫力求均給其父祖又于其中暗有輕重安得不起他日爭端若父祖緣其子孫內有不肖之人慮其侵害他房不得

已而均給者止可逐時均給財穀不可均給田産若均給田産彼以為己分所有必要求尊長立契典買典賣既盡窺覦他房從而婪取必致興訟使賢子賢孫被其擾害同于破蕩不可不思大抵人之子孫或數十人皆能守己其中有一不肖則十數均受其害至于破家者有之國家法令百端終不能禁父祖智謀百端終不能防欲保延家祚者鑒他家之已往思我家之未來可不修德熟慮以為長久之計耶

遺囑之文皆明良之人為身後之慮然亦須公平乃可以保家如劫于悍妻黠妾因于後妻愛子中有偏曲厚薄或妾立嗣或妄逐子不近人情之事不可勝數皆所以興訟破家也

父祖有慮子孫爭訟者常欲預為遺囑之文而不知風燭不常因循不決至于疾病危篤雖中心尚了然而口不能言手不能動飲恨而死者多矣況有神識昏亂者乎

置義莊以濟貧族族久必衆不惟所得漸微不肖子弟得之不以濟饑寒或為一醉之適或為一擲之娱至有以其合得券契預質于人而所得不及其半者此為何益若其所得之多飽食終日無所用心擾暴鄉曲紊煩官司而已不若以其田置義學能為儒者擇師訓之既為之食且有以周其所乏亦不至生事擾人紊煩官司也

袁氏世範卷中

宋 袁采 撰

處己

人之智識固有高下又有高下殊絶者高之見下如登高望遠無不盡見下之視高如在牆外欲窺牆裏若高下相去差近猶可與語若相去遠甚不如勿告徒費口頰舌爾譬如奕棋若高低止較三五着尚可對奕國手與未識籌局之人對奕果何如哉

富貴乃命分偶然豈可以此驕傲鄉曲若本自貧寠身致富厚本自寒素身致通顯此雖人之所謂賢亦不可以此取尤于鄉曲若因父祖之遺資而坐享肥濃因父祖之保任而馴致通顯此何以異于常人其間有欲以此驕傲鄉曲不亦羞而可憐哉

世有無知之人不能一概禮待鄉曲而因人之富貴貧賤設為高下等級見有資財有官職者則禮恭而心敬資財愈多官職愈高則恭敬又加焉至視貧者賤者則

禮傲而心慢曾不少顧恤殊不知彼之富貴非吾之榮彼之貧賤非吾之辱何用高下分別如此長厚有識君子必不然也

操履與升沉自是兩途不可謂操履之正自宜榮貴操履不正自宜困阨若如此則孔顏應爲宰輔而古今宰輔達官不復小人矣蓋操履自是吾人當行之事不可以此責效于外物責效不效則操履必怠而所守或變遂爲小人之歸矣今世間多有愚蠢而享富厚智慧而

居寒貧者皆有一定之分不可致詰若知此理安而處之豈不省事

世事多更變乃天理如此今世人往往見目前稍稍榮盛以為此生無足慮不旋踵而破壞者多矣大抵天序十年一換甲則世事一變今不須廣論久遠只以鄉曲十年前二十年前比論目前其成敗興衰何嘗有定勢

世人無遠識凡見他人興進及有如意事則懷妬見他人衰退及有不如意事則譏笑同居及同鄉人最多此

患若知事無定勢則自慮之不暇何暇妬人笑人哉

膺高年享富貴之人必須少壯之時嘗盡艱難受盡辛苦不曾有自少壯享富貴安逸至老者早年登科及早年受奏補之人必于中年齟齬不如意却于暮年方得榮達或仕宦無齟齬必其生事窘薄憂饑寒慮婚姻若早年宦達不歷艱難辛苦及承祖父生事之厚更無不如意者多不獲高壽造物乘除之理類多如此其間亦有始終享富貴者乃是有大福之人亦千萬人中間有

之非可常也令人往往機心巧謀皆欲不受辛苦即享富貴至終身蓋不知此理而又非理計較欲其子孫自少小安然享大富貴尤其蔽惑也終于人力不能勝天富貴自有定分造物者既設為一定之分又設為不測之機役使天下之人朝夕奔趨老死而不覺不如是則人生天地間全然無事而造化之術窮矣然奔趨而得者不過一二奔趨而不得者蓋千萬人世人終以一二者之故至于勞心費力老死無成者多矣不知他人奔

趨而得亦其定分中所有者若定分中所有雖不奔趨遲以歲月亦終必得故世有高見遠識超出造化機關之外任其自去自來者其胸中平夷無憂喜無怨尤所謂奔趨及相傾之事未嘗萌于意見則亦何爭之有前輩謂死生富貴生來注定君子贏得為君子小人枉了做小人此言甚切人自不知耳

人生世間自有知識以來即有憂患不如意事小兒呼號皆其意有不平自幼至少至壯至老如意之事常少

不如意之事常多雖大富貴之人天下之所仰羨以為神仙而其不如意處各自有之與貧賤人無異特所憂慮之事異耳故謂之缺陷世界以人生世間無足心滿意者能達此理而順受之則可少安

凡人謀事雖日用至微者亦須齟齬而難成或幾成而敗既敗而復成然後其成也永久平寧無復後患若偶然易成後必有不如意者造物微機不可測度如此靜思之則見此理可以寬懷

人之德性出于天資者各有所偏君子知其有所偏故以其所習為而補之則為全德之人常人不自知其偏以其所偏而直情徑行故多失書言九德所謂寬柔愿亂擾直簡剛强者天資也所謂粟立恭敬毅溫廉塞義者習為也此聖賢之所以為聖賢也後世有以性急而佩韋性緩而佩弦者亦近此類雖然己之所謂偏者苦不自覺須詢之他人乃知人之性行雖有所短必有所長與人交游若常見其短而不見其長則時日不可同處

若常念其長而不顧其短雖終身與之交游可也

處己接物而常懷慢心僞心妒心疑心者皆自取輕辱于人盛德君子所不為也慢心之人自不如人而好輕薄人見敵己以下之人及有求于我者面前既不加禮背後又竊譏笑若能回省其身則愧汗浹背矣僞心之人言語委曲若甚相厚而中心乃大不然一時之間人所信慕用之再三則蹤跡露見為人所唾去矣妒心之人常欲我之高出于人故聞有稱道人之美者則忿然

不平以為不然聞人有不如人者則欣然笑快此何加損于人祇厚怨耳疑心之人人之出言未嘗有心而反復思繹曰此譏我何事此笑我何事則與人締怨常萌于此賢者聞人譏笑若不聞焉此豈不省事

言忠信行篤敬乃聖人教人取重于鄉曲之術葢財物交加不損人而益已患難之際不妨人而利已所謂忠也有所許諾纖毫必償有所期約時刻不易所謂信也處事近厚處心誠寔所謂篤也禮貌卑下言辭謙恭所

謂敬也若能行此非惟取重于鄉曲則亦無入而不自得然敬之一事于已無損世人頗能行之而矯飾假偽其中心則輕薄是能敬而不能篤者君子指為諛佞鄉人久亦不歸重也

忠信篤敬先存其在已者然後望其在人者如在已者未盡而以責人人亦以責我矣今世之人能以自省其忠信篤敬者蓋寡能責人以忠信篤敬者皆然也雖然在我者既盡在人者亦不必深責今有人能盡其在我

者固善矣乃欲責人之似已一或不滿我意則疾之已甚亦非有容德者祗益貽怨于人耳

令人有為不善之事幸其人之不見不聞安然自肆無所畏忌殊不知人之耳目可掩神之聰明不可掩凡吾之處事心以為可心以為是人雖不知神已知之矣吾之處事心以為不可心以為非人雖不知神已知之矣吾心即神神即禍福心不可欺神亦不可欺詩曰神之格思不可度思矧可射思釋者謂吾心以為神之至也

尚不可得而窺測況不信其神之在左右而以厭射之心處之則亦何所不至哉

人為善事而未遂禱之于神求其陰助雖未見效言之亦無愧至于為惡事而未遂亦禱之于神求其陰助豈非欺罔如謀為盜賊而禱之于神爭訟無理而禱之于神使神果從其言而幸中此乃貽怒于神開其禍端耳

凡人行已公平正直可用此以事神而不可恃此以慢神可用此以事人而不可恃此以傲人雖孔子亦以敬

鬼神事大夫畏大人為言況下此者哉彼有行已不當理者中有所慊動輒知畏猶能避遠災禍以保其身至于君子而偶罹于災禍者多由自負以召致之耳

人之處事能常悔往事之非常悔前言之失常悔往年之未有知識其賢德之進所謂長日加益而人不自知也古人謂行年六十而知五十九年之非者可不勉哉

凡人為不善事而不成正不須怨天尤人此乃天之所愛終無後患如見他人為不善事常稱意者不須多羨

此乃天之所棄待其積惡深厚從而殄滅之不在其身則在其子孫姑少待之當自見也

人有所為不善身遭刑戮而其子孫昌盛者人多怪之以為天理有誤殊不知此人之家其積善多積惡少少不勝多故其為惡之人身受其報不妨福祚延及後人若作惡多而享壽富安樂必其前人之遺澤將竭天不愛惜恣其惡深使之大壞也

人能忍事易以習熟終至于人以非理相加不可忍者

亦處之如常不能忍事亦易以習熟終至于睚眦之怨深不足較者亦至交詈爭訟期以取勝而後已不知其所失甚多人能有定見不為客氣所使則身心豈不大安寧

人之平居欲近君子而遠小人者君子之言多長厚端謹此言先入于我心及吾之臨事自然出于長厚端謹矣小人之言多刻薄浮華此言先入于吾心及吾之臨事自然出于刻薄浮華矣且如朝夕聞人尚氣好凌人

之言吾亦將尚氣好淩人而不覺矣朝夕聞人游蕩不事繩檢之言吾亦將游蕩不事繩檢而不覺矣如此非一端非大有定力必不免漸染之患也

老成之人言有迂闊而更事爲多後生雖天資聰明而見識終有不及後生例以老成爲迂濶凡其身試見效之言欲以訓後生者後生厭聽而毀詆者多矣及後生年齒漸長歷事漸多方悟老成之言可以佩服然已在險阻艱難備嘗之後矣

聖賢猶不能無過況人非聖賢安能每事盡善人有過失非其父兄孰肯誨責非其契愛孰肯諫諭泛然相識不過背後竊譏之耳君子惟恐有過密訪人之有言求謝而思改小人聞人之有言則好為强辯至絶往來或起爭訟者有矣

言語簡寡在我可以少悔在人可以少怨人之出言舉事能思慮循省而不幸有失則在可諫可議之域至于恣其性情而妄言妄行或明知其非而故為之者是人

必挾其兇暴强悍以排人之議已善處鄉曲者如見似此之人非惟不敢諫誨亦不敢置于言議之間所以遠侮辱也嘗見人不忍平昔所厚之人有失而私納忠言反為人所怒曰我與汝至相厚汝亦謗我耶孟子曰不仁者可與言哉以此不善人雖人所共惡然亦有益于人大抵見不善人則警懼不至自為不善不見不善人則放肆或至自為不善而不覺故家無不善人則孝友之行不彰鄉無不善人則誠厚之跡不著譬如磨石彼

自銷損耳刀斧資之以為利老子云不善人乃善人之資謂此爾若見不善人而與之同惡相濟及與之爭為長雄則有損而已夫何益

鄉曲有不肖子弟耽酒好色博奕游蕩親近小人豢養馳驅輕於破蕩家產至為乞丐竊盜者此其家門厄數如此或其祖父稔惡至此未聞有因諫誨而改者雖其至親亦當處之無可奈何不必譊譊徒厚其怨

勉人為善諫人為惡固是美事先須自省若我之平日

自不能為人豈惟人不見聽亦反為人所薄且如已之立朝可稱乃可誨人以立朝之方已之臨政有效乃可誨人以臨政之術已之才學為人所尊乃可訓人以進修之要已之性行為人所重乃可誨人以操履之詳已能身致富厚乃可誨人以治家之法已能處父母之側而諧和無間乃可誨人以至孝之行茍為不然豈不反為所笑

人有出言至善而或有議之者人有舉事至當而或有

非之者蓋衆心難一衆口難齊如此君子之出言舉事苟揆之吾心稽之古訓詢之賢者于理無礙則紛紛之言皆不足恤亦不必辯自古聖賢當代宰輔一時守令皆不能免居鄉曲同為編氓尤其所無畏或輕議已亦何怪焉大抵指是為非必妬忌之人及素有仇怨者此曹何足以定公論正當勿恤勿辯也人有善誦我之美使吾喜聞而不覺其諛者小人之最姦黠者也彼其面諛吾而吾喜及其退與他人語未必不竊笑我為他所愚

也人有善揣人意之所向先發其端導而迎之使人喜其言與已暗合者亦小人之最姦黠者也彼其揣我意而果合及其退與他人語又未必不竊笑我為他所料也此雖大賢亦甘受其侮而不悟奈何人有詈人而人不答者人必有所容也不可以為人之畏我而更求以辱之為之不已人或起而我應恐口噤而不能出言矣人有訟人而人不校者人必有所處也不可以為人之畏我而更求以攻之為之不已人或出而我辯恐理虧

而不能逃罪矣

親戚故舊人情厚密之時不可盡以密私之事語之恐一旦失歡則前日所言皆他人所憑以爲爭訟之資至有失歡之時不可盡以切寔之語加之恐忿氣既平之後或與之通好結親則前言可愧大抵忿怒之際最不可指其隱諱之事而暴其父祖之惡吾之一時忿氣所激必欲指其切實而言之不知彼之怨恨深入骨髓古人謂傷人之言深于矛戟是也俗亦謂打人莫打膝道

人莫道實

親戚故舊因言語而失歡者未必其言語之傷人多是顏色辭氣暴厲能激人之怒且如諫人之短語雖切直而能温顏下氣縱不見聽亦未必怒若平常言語無傷人處而詞色俱厲縱不見怒亦須懷疑古人謂怒于室者色于市方其有怒與他人言必不卑遜他人不知所自安得不怪故盛怒之際與人言話尤當自警前輩有言誡酒後語忌食時嗔忍難耐事順自强人常能持此

最得便宜

高年之人鄉曲所當敬者以其近于親也然鄉曲有年高而德薄者謂刑罰不加于己輕詈辱人不知愧恥君子所當優容而不校也

與人交游無問高下須常和易不可妄自尊大修飾邊幅若言行崖異則人豈復相近然又不可大褻狎樽酒會聚之際固當歌笑盡歡恐嘲譏中觸人諱忌則忿爭輿馬行高人自重不必其貌之高才高人自服不必其

言之高

居鄉曲閭或有貴顯之家以州縣觀望而凌人者又有高貲之家以賄賂公行而凌人者方其得勢之時州縣不能誰何鬼神猶或避之況貧窮之人豈可與之校屋宅墳墓之所隣山林田園之所接必横加殘害使歸于已而後已衣食所資器用之徽凡可其意者必奪而有之如此之人惟當遜而避之逮其稔惡之深天誅之加則其家之子孫自能為其父祖破壞以與鄉人復仇也

鄉曲更有健訟之人把持短長妄有論訟以致追擾州縣不敢治其罪又有恃其父兄子弟之衆結集凶惡强奪人所有之物不稱意則群聚毆打又復賄賂州縣多不竟其罪如此之人亦不必求以窮治逮其稔惡之深天誅之加則無故而自罹于憲綱有計謀所不及救者大抵作惡而幸免于罪者必于他時無故而受其報所謂天網恢恢踈而不漏也

鄉曲士夫有挾術以待人近之不可遠之則難者所謂

君子中之小人不可不防慮其信義有失為我之累也

農工商賈僕隷之流有天資忠厚可任以事可委以財者所謂小人中之君子不可不知宜稍撫之以恩不復慮其詐欺也

士大夫居家能思居官之時則不至干請把持而撓時政居官能思居家之時則不至狠愎暴恣而貽人怨不能回思者皆是也故見任官每每稱寄居官之可惡寄居官亦多談見任官之不韙併與其善者而掩之也

忠信二事君子不守者少小人不守者多且如小人以物市于人敝惡之物飾為新奇假偽之物飾為真寔如絹帛之用膠糊米麥之增濕潤肉食之灌以水藥財之易以他物巧其言詞止于求售誤人食用有不恤也其不忠也類如此負人財物久而不償人苟索之期以一月如期索之不售又期以一月如期索之又不售至于十數期而不售如初工匠制器要其定貲責以所制之器期以一月如期索之不得又期以一月如期索之又

不得至于十數期而不得如初其不信也類如此其他不可悉數小人朝夕行之詈不知怪為君子者往往忿懥直欲深治之至于毆打論訟若君子自省其身不為不忠不信之事而憐小人之無知及其間有不得已而為自便之計至于如此可以少置之度外也

張安國舍人知撫州日以有賣假藥者出榜戒約曰陶隱居孫真人因本草千金方濟物利生多積陰德名在列仙自此以來行醫貨藥誠心救人獲福報者甚衆不

論方册所載只如近時此驗尤多有只賣一真藥便家貲鉅萬或自身安榮享高壽或子弟及第改換門户如影隨形無所差錯又曽眼見貨賣假藥者其初積得些少家業自謂得計不知冥冥之中自家合得禄料都被減尅或自身多有横禍或子孫非理破蕩致有遭天火被雷震者蓋縁買藥之人多是疾病急切將錢告求賣藥之家孝子順孫只望一服見效却被假藥誤賺非惟無益反致損傷尋常誤殺一飛禽走獸猶有因果况萬

物之中人命最重無辜被禍其痛何窮詞多更不盡載舍人此言豈止為假樂者言之有識之人自宜觸類

市井街巷茶坊酒肆皆小人雜處之地吾輩或有經由須當嚴重其辭貌則遠輕侮之患或有狂醉之人宜即回避不必與之校可也

衣服舉止異衆不可遊于市必為小人所侮居于鄉曲輿馬衣服不可鮮華蓋鄉曲親故居貧者多在我者了然異衆貧者羞澁必不敢相近我亦何安之有此說不

可與口尚乳臭者言

婦女衣飾惟務潔靜尤不可異衆且如十數人同處而一人之衣飾獨異衆所指目其行坐能自安否

飲食人之所欲而不可無也非理求之則為饕為饞男女人之所欲而不可無也非理狎之則為姦為濫財物人之所欲而不可無也非理得之則為盜為贓人惟縱欲則爭端起而獄訟興聖王慮其如此故制為禮以節人之飲食男女制為義以限人之取與君子于是三者

雖知可欲而不敢輕形于言況敢妄萌于心小人反是聖人云不見可欲使心不亂此最省事之要術蓋人見美食而下嚥見美色而必凝視見錢財而必起欲得之心苟非有定力者皆不免此惟能杜其端源見之而不顧則無妄想無妄想則無過舉矣

子弟有耽于情慾迷而忘返至于破家而不悔者蓋始于試為之由其中無所見不能識破則遂至于不可回

世人有慮子弟血氣未定而酒色博奕之事得以昏亂

其心尋至于失身破家則拘之于家嚴其出入絶其交游致其無所聞見朴野蠢鄙不近人情殊不知此非良策禁防一弛情竇頓開如火燎原不可撲滅況居之于家無所用心却密為不肖之事與出外何異不若時其出入謹其交游雖不肖之事習聞既熟自能識破必知愧而不為縱試為之亦不至于朴野蠢鄙全為小人之所摇蕩也

起家之人生財富庶乃日夜憂懼慮不免于饑寒破家

之人生事日消乃軒昂自恣謂不復可慮所謂吉人凶其吉凶人吉其凶此其效驗常見于已壯未老已老未死之前識者當自默喻

起家之人見所作事無不如意以為知術巧妙如此不知其命分偶然志氣洋洋貪取圖得又自以為獨能久遠不可破壞豈不為造物者所竊笑蓋其破壞之人或已生于其家曰子曰孫朝夕環立于其側者他日為父祖破壞生事之人恨其父祖目不及見耳前輩有建第

宅宴工匠于東廡曰此造宅之人宴子弟于西廡曰此賣宅之人後果如其言近世師其意有言目所可見者漫爾經營目所不及見者不須置之謀慮此有識君子知非人力所及其胸中寛泰與蔽迷之人如何

起家之人易為增進成立者蓋服食器用及吉凶百費規模淺狹尚循其舊故日入之數多于日出此所以常有餘富家之子易于傾覆破蕩者蓋服食器用及吉凶百費規模廣大尚循其舊又分其財產立數門戶則費

用增倍于前日子弟有能省用速謀損節猶慮不及況有不一悟者何以支吾古人謂由儉入奢易由奢入儉難葢謂此爾大貴人之家尤難于保成方其致位通顯雖在閒冷其俸給亦厚其餽遺亦多其使令之人滿前皆州郡廩給其服食器用雖極華侈而其費不出于家財逮其身後無前日之俸給餽遺使令之人其日用百費非出家財不可況又析一家為數家而用度仍舊豈不至于破蕩此亦勢使之然為子弟各宜量節

人之居世有不思父祖起家艱難思與之延其祭祀又不思子孫無所憑藉則無以脫于饑寒多生男女視如路人耽于酒色博奕游蕩破壞家産以取一時之快此皆家門不幸如此冒于刑憲彼亦不恤豈教誨勸諭責罵之所能回置之無可奈何而已

人有財物慮為人所竊則必緘縢扃鐍封識之甚嚴慮費用之無度而致耗散則必筭計較量支用之甚節然有甚嚴而有失者蓋百日之嚴無一日之疎則無失百

日嚴而一日不嚴則一日之失與百日不嚴同也有甚節而終至于匱乏者葢百事節而無一事之費則不至于匱乏百事節而一事不節則一事之費與百事不節同也所謂百事者自飲食衣服屋宅園館輿馬僕御器用玩好葢非一端豐儉隨其財力則不謂之費不量財力而為之或雖財力可辦而過于侈靡近于不急皆妄費也年少主家事者宜深知之

中產之家凡事不可不早慮有男而為營生教之生業

皆早慮也至于養女亦當早為儲蓄衣食粧奩之具及至遣嫁乃不費力若置而不問但稱臨時此有何術不過臨時鬻田廬及不恤女子之羞見人也至于家有老人而送終之具不為素辦亦稱臨時亦無他術亦是臨時鬻田廬及不恤後事之不如儀也今人有生一女而種杉萬根者待女長則鬻杉以為嫁資此其女必不至失時也有于少壯之年置壽衣壽器壽塋者此其人必不至三日五日無衣無棺可斂三年五年無地可葬也

居官當如居家必有頼藉居家當如居官必有綱紀士大夫之子弟茍無世禄可守無常產可依而欲為仰事俯育之資莫如為儒其才質之美能習進士業者上可以取科第致富貴次可以開門教授以受束修之奉其不能習進士業者上可以事筆札代牋簡之役次可以習點讀為童蒙之師如不能為儒則醫卜星相農圃商賈伎術凡可以養生而不至于辱先者皆可為也子弟之流蕩至于為乞丐盜竊此最辱先之甚然世之不能

為儒者乃不肯為醫卜星相農圃商賈伎術等事而甘心為乞丐盜竊者深可誅也凡强顔于貴人之前而求其所謂應副折腰于富人之前而託名于假貸遊食于寺觀而人指為穿雲子皆乞丐之流也居官而掩蔽衆目盜財入已居鄉而欺凌愚弱奪其所有私販官中所禁茶鹽酒酤之屬皆竊盜之流也世人有為之而不自愧者何哉

凡人生而無業及有業而喜于安逸不肯盡力者家富

則習為下流家貧則必為乞丐凡人生而飲酒無筭食肉無度好淫濫習博奕者家富則致于破蕩家貧則必為盜竊

人有患難不能濟困苦無所訴貧乏不自存而其人朴訥懷媿不能自言于人者吾雖無餘亦當隨力周助此人縱不能報亦必知恩若其人本非窘乏而以作謁為業挾詭佞之術遍謁貴人富人之門過州干州過縣干縣有所得則以為已能無所得則以為怨讐在今日則

無感恩之心在他日則無報德之事正可以不恤不顧待之豈可割吾之不敢用以資他之不當用

居鄉及在旅不可輕受人之恩方吾未達之時受人之恩常在吾懷每見其人常懷敬畏而其人亦以有恩在我常有德色及吾榮達之後遍報則有所不及不報則為虧義故雖一飯一縑亦不可輕受前輩見人仕宦而廣求知己戒之曰受恩多則難以立朝宜詳味此

今人受人恩惠多不記省而有所惠于人雖微物亦歷

歷在心古人言施人勿念受施勿忘誠為難事

人有居貧困時不為鄉人所顧及其榮達則視鄉人如仇讐殊不知鄉人不厚于我我以為憾我不厚于鄉人鄉人他日亦獨不記耶但于平時薄我者勿與之厚亦不必致怨若其平時不與吾相識苟我可以濟助之者亦不可不為也

聖人言以直報怨最是中道可以通行大抵以怨報怨固不足道而士大夫欲邀長厚之名者或因宿讐縱姦

邪而不治皆矯飾不近人情聖人之所謂直者其人賢不以讐而廢之其人不肖不以讐而庇之是非去取各當其實以此報怨必不至遞相酬復無已時也

居鄉不得已而後與人爭又大不得已而後與人訟彼稍服其不然則已之不必費用財物交結胥吏求以快意窮治其讐至于爭訟財產本無理而强求得理官吏貪繆或可如志寧不有愧于神明讐者不伏更相訴訟所費財物十數倍于其所直況遇賢明有司安得以無

理為有理耶大抵人之所訟互有短長各言其長而掩其短有司不明則牽連不決或決而不盡其情胥吏得以受賄而弄法蔽者之所以破家也

官有貪暴吏有橫刻賢豪之人不忍鄉曲衆被其惡故出力而訟之然貪暴之官必有所恃或以其有親黨在要路或以其為州郡所深善故常難動揺橫刻之吏亦有所恃或以其為見任官之所喜或以其結州曹吏之有素故常無忌憚及至人户有所訴則官求勢要之書

以請托吏以官庫之錢而行賂毀去簿書改為案牘人戶雖健訟亦未便輕勝兼論訟官吏之人又只欲劫持官府使之獨畏己初無為衆除害之心常見論訴州縣官吏之人恃為官吏所畏拖延賦稅不納人戶有折變已獨不受折變人戶有科數已獨不伏科數睨立庭下抗對長官端坐司房詈辱胥輩冒占官產不肯輸租欺凌善弱强欲斷治請託公事必欲以曲為直或與胥吏通同為姦把持官員使之聽其所為以殘害鄉民凡如

此之官吏如此之姦民假以歲月縱免人禍必自為天所誅也

士大夫相見往往多言某縣民淳某縣民頑及詢其所以然乃謂見任官贓污狼藉鄉民吞聲飲氣而不敢言則為淳鄉民列其惡而訴之州郡監司則為頑此其得頑之名豈不枉哉今人多指奉化縣為頑問之奉化人則曰所訟之官皆有入己贓何謂奉化為頑如黃巖等處人言皆然此正聖人所謂斯民也三代之所以直道

而行也何頑之有今具其所以為頑之目應納稅賦而不納及應供科配而不供則為頑若官中因事橫科從而隱目其民戶不肯供納則不為頑官事斷吏出于至公又合法意乃任私忿求以翻異則為頑官吏受財斷直為曲事有寃抑次第陳訴則不為頑官員清正斷事自己豪橫之民無所行賂無所措謀則與書吏表裏撰合言語粧點事務妄興論訴則為頑若官員與吏為徒百般詭計掩人耳目受接賄賂偷盜官錢人戶有能出力

為衆論訴則不為頑
縣道有非理橫科又預借官物者必相率而次第陳訟
蓋兩稅自有常額足以充上供用州縣用役錢亦有常
額足以供解發支雇縣官正已以率下則民間無隱負
不輸官中無侵盜妄用未敢以為有餘亦何不足之有
惟作縣之人不自撿己喫者著者日用者般挈往來送
遺結託置造器用儲蓄囊篋及其他諸色之需取給于
守分鄉司為守分鄉司者豈有將己財奉縣官不過就

簿書之中恣為欺弊或攬人户税物而不納或將到庫之錢而他用或僞作過軍過客口眷旁及修葺廨舍而公求支破或陽為解發而中途截撥其弊百端不可悉舉縣官既素受其汚啖往往知而不問况又有憒然不曉財賦之利病及曉之者又與之通同作弊一年之間雖至小邑虧失數千緡殆不覺也于是有横科預借之患及有拖欠州郡之數及將任滿請託關節以求脱去而州郡遂將積欠勒令後政補償夫前政以一年財賦不

足一年支解為後任者豈能以一年財賦補足數年財賦故于前政預借錢物多不認理或别設巧計陰奪民財以求補足舊欠其禍可勝言哉

袁氏世範卷下

宋 袁采 撰

治家

人之居家須令垣墻高厚藩籬周密牕壁門關堅牢隨損隨修如有水竇之類亦須常設格子務令新固不可輕忽雖竊盜之巧者穴墻剪籬穿壁決關俄頃可辦比之頹墻敗籬腐壁敝門以啓盜者有間矣且免奴婢奔竄及不肖子弟夜出之患如外有竊盜內有奔竄及子

弟生事縱官司為之受理豈不重費財力

居止或在山谷村野僻靜之地須于周圍要害去處置立莊屋招誘丁多之人居之或有火燭竊盜可以即相救應

凡夜犬吠盜未必至亦是盜來探試不可以為無他而不警凡夜間遇物有聲亦不可以為鼠而不警

屋之周圍須令有路可以往來夜間遣人十數遍巡之善慮事者居于城郭無甚隙地亦為夾墻使邏者往來

其間若屋之内則子弟及奴婢更迭巡警

夜間覺有盜便須直言有盜徐起視之盜必且竄不可乘暗擊之恐盜之急以刀傷我或誤擊自家之人若持燭見盜擊之猶庶幾若獲盜而已受拘執自當準法無過毆傷

多蓄之家盜所覬覦而其人又多置什物喜于矜耀尤盜之所垂涎也富厚之家若多儲錢穀少置什物少蓄金寶絲帛縱被盜亦不多失前輩有戒其家自冬夏衣

之外藏帛以備不虞不過百匹此亦高人之見豈可與世俗言

刼盜有中夜炬火露刃排門而入人家者此尤不可不防須于諸處往來路口委人為耳目或有異常則可以先知仍預置便門遇有警急老幼婦女且從便門走避又須子弟及僕者平時常備器械為禦敵之計可敵則敵不可敵則避切不可令盜得我之人執以為質則隣保及捕盜之人不敢前

劫盜雖小人之雄亦自有識見如富家平時不刻剝又能樂施又能種種方便當兵火擾攘之際猶得保全至不忍焚毀其屋凡盜所快意于焚掠汙辱者多是積惡之人富家各宜自省

家居或有失物不可不急尋急尋則人或投之僻處可以復收則無事矣不急則轉而出外愈不可見又不可妄猜疑人猜疑之當則人或自疑恐生他虞猜疑不當則正竊者反自得意況疑心一生則所疑之人揣其行

坐辭色皆若竊物而實未嘗有所竊也或已形于言或妄有所執治而所失之物偶見或正竊者方獲則悔將何及

居宅不可無鄰家慮有火燭無人救應宅之四圍雖無溪流當為池井慮有火燭無水救應又須平時撫恤鄰里有恩義有士大夫平時多以官勢殘虐鄰里一日為讐人刃其家火其屋宅鄰里更相戒曰若救火火熄之後非惟無功彼更訟我以為盜取他家財物則獄訟未

知了期若不救火不過杖一百而已隣居甘受杖而坐視其大厦為煨燼生生之具無遺此其平時暴虐之效也

火之所起多從厨竈蓋厨屋多時不掃則埃墨易得引火或竈中有留火而竈前有積薪接連亦引火之端也

夜間最當巡視

烘焙物色過夜多致遺火人家房户多有覆蓋宿火而以衣籠罩其上皆能致火須常戒約蠶家屋宇低隘於

灸簇之際不可不防火

農家積儲糞壤多爲茅屋或投死灰于其間須防內有餘燼未滅能致火燭茅屋須常防火大風須常防火積油物積石灰須常防火此類甚多切須詢究

富人有愛其小兒者以金銀珠寶之屬飾其身小人有貪者于僻靜處壞其性命而取其物雖聞于官而置于法何益市邑小兒非有壯夫携負不可令游街巷慮有誘略之人也

人之家居井必有榦池必有欄深溪急流之處峭險高危之地機關觸動之物必有禁防不可令小兒狎而臨之脫有踈虞歸怨于人何及

親賓相訪不可多虐以酒或被酒夜臥須令人照管徃時括蒼有困客以酒且慮其不告而去于是卧于空舍而鑰其門酒渴索漿不得則取花瓶水飲之次日啓關而客死矣其家訟于官郡守汪懷忠究其一時舍中所有之物云有花瓶浸旱蓮花試以旱蓮花浸瓶中取罪

當死者試之驗乃釋之又有置水于案而不掩覆屋有伏虵遺毒于水客飲而死者凡事不可不謹乃如此

清晨早起昏晚早睡可以杜絶婢僕姦盜等事

司馬温公居家雜儀令僕子非有警急修葺不得入中門婦女婢妾無故不得出中門只令鈴下小童通傳内外治家之法此過半矣

婢妾與主翁親近或多挾此私通僕輩有子則以主翁藉口畜愚賤之裔至破家者多矣凡有婢妾不可不謹

其始亦不可不防其終

人有婢妾不禁出入至與外人私通有姙不正其罪而遽逐去者往往有于主翁身故之後自言是主翁遺腹子以求歸宗旋致興訟世俗所宜警此免累後人

人有以正室妬忌而于別宅置婢妾者有供給娼女而絕其與人往來者其關防非不密監守非不謹然所委監守之人得其犒遺反與外人為耳目以通往來而主翁不知至養其所生子為嗣者又有婦人臨蓐主翁不

在則棄其所生之女而取他人之子為已子者主翁從而收養不知其非已子庸俗愚暗大抵類此

婦女多妬有正室者少蓄婢妾蓄婢妾者多無正室夫蓄婢妾者内有子弟外有僕隸皆當關防制以主母猶有他事況無所統轄以一人之耳目臨之豈難欺蔽哉暮年尤非所宜使有意外之事當如之何

夫蓄婢妾之家有僻室而人所不到有便門而可以通外或溷厠與厨房相近而使膳夫掌庖或夜飲在于内

堂而使僕子供役其弊有不可防者盖此曹深謀而主不之猜此曹迭為耳目而主又何由知覺

夫置婢妾教之歌舞或使侑樽以為賓客之歡切不可蓄姿貌黠慧過人者慮有惡客起覬覦之心彼見美麗心欲得之逐獸則不見泰山苟勢可以臨我則無不至綠珠之事在古可鑒近世亦多有之不欲指言其名

士大夫之家有夜間男女羣聚呼盧至于達旦豈無託故而起者試靜思之

人家有僕當取其朴直謹愿勤于任事不必責其應對進退之快人意人之子弟不知温飽所自來者不求自已德業之出衆而獨欲僕者俏黠之出衆費財以養無用之人固未甚害生事為非皆此輩導之也

僕者而有市井浮浪子弟之態異巾美服言語矯詐不可蓄也蓄僕之久而驟然如此閨閫之事必有可疑

奴僕小人就役于人者天資多愚作事乖舛背違不曽有便當省力之處如頓放什物必以斜為正如裁截物

色必以長為短若此之類殆非一端又性多忘囑之以事全不記憶又性多執所見不是自以為是又性多狠輕于進退不識分守所以雇主于使令之際常多叱咄其為不改其言愈辯雇主愈不能平于是箠撻加之或失手而至于死亡者有矣凡為家長者于使令之際有不如意當云小人天資之愚如此宜寬以處之多其教誨省其嗔怒可也如此則僕者可以免罪主者胸中亦大安樂省事多矣至于婢妾其愚尤甚婦人既多褊急

狠愎暴忍殘刻又不知古今道理其所以責備婢妾者又非丈夫之比為家長者宜于平日常以待奴僕之理喻之其間必自有曉然者

人之居家凡有作為及安頓什物以至田園倉庫厨厠等事皆自為之區處然後三令五申以責付奴僕猶懼其遺忘不如吾志今有人一切不為之區處凡事無大小聽奴僕自為謀不合已意則怒罵鞭撻繼之彼愚人止能出力以奉吾令而已豈能善謀一一暗合吾意若

不知此自見多事且如工匠執役必使一不執役者為之區處謂之都料匠蓋人凡有執為則不暇他見須令一不執為者旁觀而為之區處則不煩擾而功增倍矣

婢僕有頑狠全不中使令者宜善遣之不可留留則生事主或過于毆傷此輩或挾怨為惡有不容言者

婢僕有姦盜及逃亡者宜送之于官依法治之不可私自鞭撻亦恐有意外之事或逃亡非其本情或所竊止于飲食微物宜念其平日有勞只略懲之仍前留備使

令可也

婢僕有小過不可親自鞭撻蓋一時怒氣所激鞭撻之數必不記徒自費力婢僕未必知畏惟徐徐責問令他人執而撻之視其過之輕重而定其數雖不過怒自然有威婢妾亦自然畏憚矣壽昌胡倅彦特之家子弟不得自打僕隷婦女不得自打婢妾有過則告之家長家長為之行遣婦女擅打婢妾則撻子弟此賢者之家法也

婢僕有過既已鞭撻而呼喚使令辭色如常則無他事蓋小人受杖方内懷怨而主人怒不知釋恐有輕生而自殘者

婢僕有無過而自經者若其身溫可救不可解其縛須急抱其身令稍高則所縊處必稍寬仍更令一人以指于其縊處漸漸寬之覺其氣漸往來乃可解下仍急令人吸其鼻中使氣相接乃可以蘇或不曉此理而先解其縊處其身力重其縊處愈急只一噓氣便不可救此

不可不預知也如身已冷不可救或救而不蘇當留本處不可移動呌集隣保以事聞官仍令得力之人日夜同與守視恐有犬鼠之屬殘其屍也自刃不殊宜以物掩其傷處或已絶亦當如前說人家有井於甃處宜為鈌級令可以上下或有墜井投井者可以令人救應或不及亦當如前說溺水投水而水深不可援者宜以竹篙及木板能浮之物投與之溺者有所執則身浮可以救應或不及亦當如前說夜睡魘死及卒死者亦不可

移動並當如前說

婢僕無親屬而病者當令出外就鄰家醫治仍經鄰保録其辭說却以聞官或有死亡則無他慮婢僕欲其出力辦事其所以禦饑寒之具為家長者不可不留意衣須令其温食須令其飽士大夫有云蓄婢不厭多教之紡績則足以衣其身蓄僕不厭多教之耕種則足以飽其腹大抵小民有力足以辦衣食而力無所施則不能以自活故求就役于人為富家者能推惻隱之心養蓄婢僕

乃以其力還養其身其德至大矣而此輩既得溫飽雖苦役之亦甘心焉

婢僕宿卧去處皆為點檢令冬時無風寒之患以至牛馬猪羊猫狗雞鴨之屬遇冬寒時各為區處牢圈棲息之處此皆仁人之用心備物我為一理也

飛禽走獸之與人形性雖殊而喜聚惡散貪生畏死其情則與人同故離羣則向人悲鳴臨庖則向人哀就為人者既忍而不之顧反怒其鳴號者有矣胡不反己以

思之物之有望于人猶人之有望于天也物之鳴號有訴于人而人不之卹則人之處患難死亡困苦之際乃欲仰首呌號求天之卹耶大抵人居病患不能支持之時及處囹圄不能脫去之時未嘗不反覆究省平日所為某者為惡某者為不是其所以改悔自新者指天誓日可表至病患安寧及脫去罪戾則不復記省造罪作惡無異往日余前所言若言于經歷患難之人必以為然猶恐痛定之後不復記省彼不知患難之人安知不以

吾言為迂

有子而不自乳使他人乳之前輩已言其非矣況其間求乳母于未產之前者使不舉已子而乳我子有子方嬰孩使捨之而乳我子其已子呱呱而泣至于餓死者有因仕宦他處逼勒牙家誘賺良人之妻使捨其夫與子而乳我子因挾以歸鄉使其一家離散生前不復相見者士夫遞相庇護國家法令有不能禁彼獨不畏于天哉

以人之妻為婢年滿而送還其夫以人之女為婢年滿而送還其父母以他鄉之人為婢年滿而送歸其鄉此風俗最近厚者浙東士大夫多行之有不還其夫而擅嫁他人有不還其父母而擅與嫁人皆興訟之端況有不卹其離親戚去鄉土役之終身無夫無子死為無依之鬼豈不甚可憐哉

蓄奴婢惟本土人最善蓋或有病患則可責其親屬為之扶持或有非理自殘既有親屬明其事因公私又有

質証或有婢妾無父子兄弟可依僕隸無家可歸念其有勞不可不養者當令預經鄰保自言併陳于官或預與之擇其配婢使之嫁僕使之娶皆可絕他人意外之患也

雇婢僕須要牙保分明牙保又不可令我家人為之也

買婢妾既已成契不可不細詢其所自來恐有良人子女為人所誘略果然則即告之官不可以婢妾還與引來之人慮殘其性命也

買婢妾須問其應典賣不應典賣如不應典賣則不可成契或果窮乏無所依倚須令經官自陳牙保審會方可成契或其不能自陳令引來之人契中稱說少與雇錢待其有親人識認即以與之也

族人鄰里親戚有狡獪子弟能恃强凌人損彼益此富家多用之以爲爪牙且得目前快意此曹內既姦巧外常柔順子弟責罵狎玩常能容忍爲子弟者亦愛之他日家長既没之後誘子弟爲非者皆此等人也大抵爲

家長者必自老練又其智畧能駕馭此曹故得其力至于子弟須賢明如其父兄則可無慮中材之人鮮不為其鼓惑以致敗家唐史有言妖禽孼狐當晝則伏息自如得夜乃為之祥正謂此曹若平昔延接淳厚剛正之人雖言語多拂人意而子弟與之久處則有身後之益所謂快意之事常有損拂意之事常有益凡事皆然宜廣思之

幹人有管庫者須常謹其簿書審其見存幹人有管穀

米者須嚴其簿書謹其管鑰兼擇謹畏之人使之看守幹人有貸財本興販者須擇其淳厚愛惜家累方可付託蓋中產之家日費之計猶難支吾況受傭于人其饑寒之計豈能周足中人之性目見可欲其心必亂況下愚之人見酒食聲色之美安得不動其心向來財不滿其意而充其欲故內則與骨肉同饑寒外則視所見如不見今其財物盈溢于目前若日日嚴謹此心姑寢主者事勢稍寬則亦何憚而不為其始也移用甚微其心以

為可償猶未經慮久而主不之覺則日增焉月益焉積而至于一歲移用已多其心雖惴惴無可奈何則求以掩覆至二年三年侵欺已大彰露不可掩覆主人欲峻治之已近噬臍故凡委托幹人所宜警此

國家以農為重蓋以衣食之源在此然人家耕種出于佃人之力可不以佃人為重遇其有生育婚嫁營造死亡當厚賙之耕耘之際有所假貸少收其息水旱之年察其所虧早為除減不可有非理之需不可有非時之

後不可令子弟及幹人私有所擾不可因其讐者告語增其歲入之租不可强其稱貸使厚供息不可見其自有田園輙起貪圖之意視之愛之不啻如骨肉則我衣食之源悉藉其力俯仰可以無愧怍矣

佃僕婦女等有于人家婦女小兒處稱莫令家長知而欲重息以私借錢穀及欲借質物以濟急者皆是有心脱漏必無還意而婦女小兒不令家長知則不敢取索終為所負為家長者宜常以此喻其家

尼姑道婆媒婆牙婆及婦人以買賣針灸為名者皆不可令入人家凡脱漏婦女財物及引誘婦女為不美之事皆此曹也

池塘陂湖河埭蓄水以溉田者須于每年冬月水涸之際浚之使深築之使固遇天時亢旱雖不至于大稔亦不至于全損今人往往于亢旱之際常思修治至收刈之後則忘之矣諺所謂三月思種桑六月思築塘蓋傷人之無遠慮如此

池塘陂湖河埭有衆享其溉田之利者田多之家當相與率倡令田主出食佃人出力遇冬時修築令多蓄水及用水之際遠近高下分水必均非止利己又且利人其利豈不溥哉今人當修築之際靳出食力及用水之際奮臂交爭有以耡耰相毆至死者縱不死亦至坐獄被刑豈不可傷然至此者皆田主慳吝之罪也

桑果竹木之屬春時種植甚非難事十年二十年之間即享其利今人往往于荒山閒地任其棄廢至于兄弟

析産或因一根荄之微忿爭失歡比隣山地偶有竹木在兩界之間則興訟連年寧不思使向來天不產此則將何所爭若以爭訟所費庸工植木則一二十年之間所謂材木不可勝用也其間有果木逼于鄰家實利有及于童穉則怒而伐去之者尤無所見也

人有小兒須常戒約莫令與鄰里損折果木之屬人養牛羊須常看守莫令與鄰里踏踐山地六種之屬人養鷄鴨須常照管莫令與鄰里損啄菜茹六種之屬有產

業之家又須各自勤謹墳墓山林欲蔟緑長茂蔭映須高其墻圍令人不得踰越園圃種植菜茹六種及有時果去處嚴其籬圍不通人往來則亦不至臨時責怪他人也

人有田園山地界至不可不分明異居分析之初置產制買之際尤不可不仔細人之爭訟多由此始且如田畝有因地勢不平分一邱為兩邱者有欲便順併兩邱為一邱者有以屋基山地為田又有以田為屋基園地

者有改移街路水圳者官中雖有經界圖籍壞爛不存者多矣況又從而改易不經官司鄰保驗證豈不大啟爭端人之田畝有在上邱者若常修田畔莫令頃倒人之屋基若及時築疊垣墻纔損即修人之山林若分明挑掘溝塹纔損即修有何爭訟惟其鹵莽傾倒修治失時屋基園地止用籬圍年深壞爛因而侵占山林或用分水猶可辯明間有以木以石以坎為界年深不存及以坑為界而外又有一坑相似者未嘗不啟紛紛不決

之訟也至于分析止憑鬮書典買止憑契書或有鹵莽記載不明公私皆不能決可不戒哉間有典買山地幸其界至有疑故令元契稱説不明因而包占者此小人之用心遇明官司自正其罪矣

分析之家置造鬮書有各人止録已分所得田産者有一本互見他分者止録已分多是内有私曲不欲顯暴故常多爭訟若互見他分厚薄肥瘠可以畢見在官在私易爲折斷此外或有宣勞于衆衆分棄與田産或有

一分獨薄衆分棄與田產或有因妻財因仕官置到來歷明白或有因營運置到而衆不願分者並宜于鬮書後開具仍須斷約不在開具之數則為漏鬮雖分析後許應分人别求均分可以杜絶隱瞞之弊不至連年争訟不决

人有求避役者雖私分財產甚均而鬮書砧基則粧在一分之内令一人認役其他物力低小不須充應而其子孫有欲執書契而掩有之者遂興訴訟官司欲斷從

實則于文有礙欲以文為斷而情則不然此皆俗曹初無遠見規避于目前而貽爭于身後可不鑒此

人有已分財産而欲避免差役則冒同宗有官之人為一戶籍者皆他日爭訟之端由也

縣道貪污遇有析戶印鬮則厚有所需人戶憚於所費皆匿而不印私自割析經年既深貧富不同恩義頓踈或至爭訟一以為已分失去鬮書一以為分財未盡未立鬮書官中從文則礙情從情則礙文故多久而不決

之患凡析家之户宜即印鬮書以杜後患

人户交易當先憑牙家索取鬮書占基指出邱段圍號就問見佃人有無界至交加典賣重疊次問其所親有無應分人出外未回及在卑幼未經分析或係棄産必問其初應與不應受棄或寡婦卑子執憑交易必問其初曾與不曾與勘會如係轉典賣則必問其元契已未投印有無諸般違礙方可立契如有寡婦幼子應押契人必令人親見其押字如價貫年月四至畆角必即書

塡應債負貨物不可用必支見錢取錢必有處所擔錢人必有姓名已成契後必即投印慮有交易在後而投印在前者已印契後必即離業慮有交易在後而管業在前者已離業後必即割税慮因循不割税而為人告論以致拘没者

官中條令惟交易一事最為詳備蓋欲以杜争端也而人户不悉乃至違法交易及不印契不離業不割税以致重疊交易詞訟連年不决者豈非人户自速其辜哉

凡鄰近利害欲得之產宜稍增其價不可恃其有親有鄰及以典至賣及無人敢買而阨損其價萬一他人買之則悔且無及而爭訟由之以興也

凡田產有交關違條者雖其價廉不可與之交易他時事發到官則所費或十倍然富人多要買此產自謂將來拚錢與人打官司此其癖不可救然自遺患與患及子孫者甚多

凡交易必須項項合條即無後患不可憑恃人情契密

不為之防或有失歡則皆成爭端如交易取錢未盡及贖產不曾取契之類宜即理會去看或即聞官以絕將來詞訴切戒切戒

貧富無定勢田宅無定主有錢則買無錢則賣買產之家當知此理不可苦害賣產之人蓋人之賣產或以缺食或以負債或以疾病死亡婚嫁爭訟已有百千之費則鬻百千之產若買產之家即還其直雖轉手無留且可以了其出產欲用之一事而為富不仁之人知其欲

用之急則陽距而陰鈎之以重扼其價既成契則姑還其直之什一二約以數日而盡價至數日而問焉則辭以未辦又屢問之或以數緡授之或以米穀及他物高估而補償之出産之家必大窘乏所得零微隨即耗散向之所擬以辦其事者不復辦矣而往還取索夫力之費又居其中彼富者方自竊喜以為善謀不知天道好還有及其身而獲報者有不在其身而在其子孫者富家多不之悟豈不迷哉

假貸錢穀責令還息正是貧富相資不可闕者漢時有錢一千貫者比千戶侯謂其一歲可得息錢二百千比之今時未及二分今若以中制論之質庫月息自二分至四分貸錢月息自三分至五分貸穀以一熟論自三分至五分取之亦不為虐還者亦可無辭而典質之家至有月息什而取一者江西有借錢約一年償還而作合子立約者謂借一貫文約還兩貫文衢之開化借一秤禾而取兩秤浙西上戶借一石米而收一石八斗皆不仁之甚然

父祖以是而取于人子孫亦復以是而償于人所謂天道好還于此可見

兼并之家見有產之家子弟昏愚不肖及有緩急多是將錢强以借與或始借之時設酒席以媚悅其意或既借之後歷數年不索取待其息多又設酒席招誘使之結轉併息爲本别更生息又誘勒其將田產折還法禁雖嚴多是幸免惟天網不漏諺云富兒更替做蓋謂迭相酬報也

有輕于舉債者不可借與必是無藉之人已懷負賴之意凡借人錢穀少則易償多則易負故借穀至百石借錢至百貫雖力可還亦不肯還寧以所還之資為爭訟之費者多矣

凡人之敢于舉債者必謂他日之寬餘可以償也不知今日之無寬餘他日何為而有寬餘譬如百里之路分為兩日行則兩日皆辦若欲以今日之路使明日併行勞苦而不可至凡無遠識之人求目前寬餘而那積在後

者無不破家也切宜監之

凡有家產必有稅賦須是先截留輸納之資臨時為官中所迫則舉債認息或託攬戶兌納而高價筭還是皆可以耗家大抵曰貧曰儉自是賢德又是美稱切不可以此為愧若能知此則無破家之患矣

納稅雖有省限須先納為安如納苗米若不趂晴早納必欲拖後或值雨雪連日將如之何然州郡多有不體量民事如納秋米初時既要乾圓加量又重後來縱納

濕惡加量又輕又後來則折為低價如納稅絹初時必欲至厚寔者後來見納數之少則放行輕踈又後來則折為低價人户及攬子多是較量前後輕重不肯攬先送納致被縣道追擾惟鄉曲賢者自求省事不以毫末之較遂愆期也

鄉人有糾率錢物以造橋修路及打造渡航者宜隨力助之不可謂捨財不見獲福而不為且如道路既成吾之晨出暮歸僕馬無踈虞及乘輿馬過橋渡而不至惴

慄者皆所獲之福也

人之經營財利偶獲厚息以致富盛者必其命運亨通造物者陰賜致此其間有見他人獲息之多致富之速則欲以人事強奪天理如販米而加以水賣鹽而雜以灰賣漆而和以油賣藥而易以他物如此等類不勝其多目下多得贏餘其心便自欣然而不知造物者隨即以他事取去終于貧乏況又因假壞真以虧本者多矣

所謂人不勝天大抵轉販經營須是先存心地凡物貨

必真必須敬惜如欲以此奉神明又須不敢貪求厚利任天理如何雖目下所得之薄必無後患至于買撲坊場之人尤當如此造酒必極醇厚精潔則私酤之家自然難售其間或有私醞必審止絕之術不可抉此打破人家朝夕存念止欲趁辦官課養育孥累不可妄求厚積及計會司案拖賴官錢若命運亨通則自能富厚不然亦不致破蕩請以應開坊之人觀之

起造屋宇最人家至難事年齒長壯世事諳歷于起造

一事猶多不悉況未更事其不因此破家者幾希蓋起造之時必先與匠者謀匠者惟恐主人憚費而不為則必小其規模節其費用主人以為力可以辦鋭意為之匠者則漸增廣其規模至數倍其費而屋猶未及半主人勢不可中輟則舉債鬻産匠者方喜興作之未艾工鏹之益增余嘗勸人起造屋宇須十數年經營以漸為之則屋成而家富自若蓋先議基址或平高就下或增卑為高或築墻穿池逐年漸為之期以十數年而後成

次議規模之高廣材木之若干細至椽桷籬壁竹木之屬必籍其數逐年買取隨即斵削期以十數年而畢備次議瓦石之多少皆預以餘力積漸而儲之雖僦雇之費亦不取辦于倉卒故屋成而家富自若也

御製書宋劉清之紀左傳叔向母之事

叔向之母賢母也能訓其子為正人又能知叔虎之母美而惡入聲將生敗子惡去聲之而不使見羊舌職劉清之記此事而所注又不明幾不成句令人不可曉宋劉清之撰戒子通錄記叔向母一事引左傳云晉叔向之母妬叔虎之母美而不使其子皆諫其母母曰深山大澤實生龍蛇彼美余懼其生龍蛇以禍汝汝敝族也余何愛焉使往視寢生叔虎美而有勇欒盈孼之故羊舌氏之族及於難云云所注殊不明晰按左傳注不使謂不使見叔向之父羊舌職也又左傳汝敝族也下有國多大寵不仁人間之不亦難乎三語為劉清之刪去前後文義幾至不可曉亦著述者之過也然此誤不在

劉清之而在左卯明夫妬婦人之惡德也叔向之母蓋能預見叔虎之母雖美而惡將生惡子以敝羊舌氏之宗然從子之諫使往視職之寢果生虎而羊舌氏之族遂及於難是誠仁人能惡人而有先見之明者矣左氏應謂之惡（去聲）而不宜謂之妬是誠其浮夸而不實也以致千載之下謂叔向之母果妬焉余不可不正其誣

欽定四庫全書　子部一

提要　儒家類

戒子通録八卷

臣等謹案戒子通録八卷宋劉清之撰清之字子澄號靜香臨江人紹興二十年進士光宗時知袁州宋史本傳稱其生平著述甚多是書其一也其書博採經史羣籍凡有關庭訓者皆節録其大要至於母訓閨教亦備述焉

史稱其甘貧力學博極羣書故是編採摭繁富或不免於冗襍然其隨事示教不憚於委曲詳明雖瑣語碎事莫非勸戒之資固不以過多為患也元虞集甚重其書嘗勸其後人刻諸金谿後崔棟復為重刻顧自宋以來史志及諸家書目皆不著録惟文淵閣書目載有二册亦無卷數外間傳本尤稀今謹據永樂大典所載約畧篇頁釐為八卷所引諸條

原本於標目之下各粗舉其人之始末其中間有未備者今並為考補增注以一體例惟自宋以前時代錯出頗無倫次蓋一時隨手摘録未經排比之故今亦姑仍其舊焉乾隆四十六年四月恭校上

總纂官臣紀昀臣陸錫熊臣孫士毅

總校官臣陸費墀

欽定四庫全書
提要

戒子通録卷一

宋 劉清之 撰

列女傳胎教

古者婦人姙子寢不側坐不邊立不蹕不食邪味割不正不食席不正不坐目不視于邪色耳不聽于滛聲夜則令瞽誦詩道正事如此則生子形容端正才德過人矣太王之子曰王季王季成童靡有過失娶太任太任之性端一誠莊惟德之行不視惡色不聽滛聲不出敖

言能以胎教生文王而明聖太任教之以一而識百卒為周宗

禮記內則名子辭子生父咳而名之父曰欽有帥母對曰記有成

子生三日始負之異為孺子室於宮中必求寬裕慈惠溫良敬恭謹而寡言者使為子師其次為慈母其次為保母皆居子室他人無事不往三月之末擇日翦髮為鬌男角女羈否則男左女右是日也妻以子見于父姆先相曰母某敢用時日祗見孺子夫對曰欽有帥父執

子之右手咳而名之妻對曰記有成子師辯告諸婦諸母名夫告宰名宰辯告諸男名書曰某年某月某日某生而藏之

儀禮冠辭 士冠三加辭醴辭三醮辭字辭

冠始加祝曰令月吉日始加元服棄爾幼志順爾成德壽考維祺介爾景福再加曰吉月令辰乃申爾服敬爾威儀淑慎爾德眉壽萬年永受胡福三加曰以歲之正以月之令咸加爾服兄弟俱在以成厥德黃耉無疆受

天之慶　醴辭曰甘醴惟厚嘉薦令芳拜受祭之以定爾祥承天之休壽考不忘　醮辭曰旨酒既清嘉薦亶時始加元服兄弟具來孝友時格永乃保之再醮曰旨酒既湑嘉薦伊脯乃申爾服禮儀有序祭此嘉爵承天之祜三醮曰旨酒令芳籩豆有楚咸加爾服肴升折俎承天之慶受福無疆　字辭曰禮儀既備令月吉日昭告爾字爰字孔嘉髦士攸宜宜之于假永受保之曰伯某甫仲叔季唯其所當

婚辭

士昏父醮子命之父送女命之母命之庶母以父母之命命也

昏父醮子命之往迎爾相承我宗事勗帥以敬先妣之嗣若則有常子曰諾唯恐弗堪不敢忘命父送女命之曰戒之敬之夙夜毋違命母施衿結帨曰勉之敬之夙夜毋違宮事庶母及門內施鞶申之以父母之命命之曰恭敬聽宗爾父母之言夙夜無愆視諸衿鞶

戒書　周武王

姬發踐阼三日召師尚父問焉有萬世可以為子孫常者乎尚父對并王為戒書

師尚父道書之言曰敬勝怠者吉怠敬勝者滅義勝欲者從欲勝義者凶王聞書之言恐懼退而為戒焉為席前左端之銘曰安樂必敬前右端之銘曰無行可悔鑑之銘曰見爾前慮爾後盤之銘曰與其溺于人寧溺于淵溺于淵猶可游也溺于人不可救也楹之銘曰毋曰胡殘其禍將然毋曰胡害其禍將大毋曰胡傷其禍將長劍之銘曰帶之以為服動必行德行德則興倍德則崩矛之銘曰造矛造矛少閒弗忍終身之羞予一人所

聞以戒後世子孫

漢孝武景帝子徹子閎為齊王旦為燕王胥為廣陵王同日立皆賜策各以國土風俗白戒焉凡三章

嗚呼小子閎受茲青社朕承天序按朕承天序史記作朕承祖考惟稽古建爾國家封于東土世為漢藩輔嗚呼念哉共朕之詔惟命不于常人之好德克明顯光義之不圖俾君子怠爾悉心允執其中天祿永終厥有愆不臧廼凶于爾國害于爾家嗚呼保國乂民可不敬與王其戒之　嗚

呼小子旦受茲元社建爾國家封于北土世為漢藩輔嗚呼葷粥氏虐老獸心加以姦巧邊甿朕命將卒徂征厥罪北州以綏悉爾心毋作怨毋作棐德毋廼廢備非教士不得從徵王其戒之　嗚呼小子胥受茲赤社建爾國家封于南土世為漢藩輔古人有言曰大江之南五湖之間其人輕心揚州保疆三代要服不及以政嗚呼悉爾心祇祇兢兢廼惠廼順毋侗好逸毋爾宵人惟法惟則書云臣不作福不作威靡有後羞王其戒之

梁簡文帝（蕭綱戒子當陽公大心）

汝年時尚幼所闕者學可久可大其惟學歟以孔丘言吾嘗終日不食終夜不寢以思無益不如學也若使牆面而立沐猴而冠吾所不取立身之道與文章異立身先須謹重文章亦勿放蕩

周公（周文王子姬旦旦子伯禽封于魯將之國故戒之也又一章荀卿子又一章劉向）

君子不施其親不使大臣怨乎不以故舊無大故則不棄也無求備于一人　又云君子力如牛不與牛爭力走

如馬不與馬爭走智如士不與士爭智　又云德行廣大而守以恭者榮土地博裕而守以儉者安禄位尊盛而守以卑者貴人衆兵强而守以位者勝聰明睿智而守以愚者益博文多記而守以淺者廣去矣其毋以魯國驕士矣

文儆傳　周書　按維文王以下係節錄文儆篇中語九年在鄗以下係節錄文傳篇中語

維文王告夢懼後嗣之無保庚辰詔太子發曰汝敬之

哉民物多變民何嚮非利利維生痛痛維生樂樂維生禮禮維生義義維生仁嗚呼敬之哉民之適敗上察下遂信何嚮非私私維生抗抗維生奪奪維生亂亂維生亡亡維生死嗚呼敬之哉　九年在鄗召太子發曰嗚呼吾語汝所保所守守之哉厚德廣惠忠信愛人君子之行不為驕侈不為靡泰山林非時不升斤斧川澤非時不入網罟不麛不卵孤寡辛苦咸賴生焉無殺夭胎無伐不成材無墮四時如此者有十年之積有十年之

積者王無一年之積者七

書顧命　周成王 周成王姬誦作顧命保元子釗

嗚呼疾大漸惟幾病日臻既彌留恐不獲誓言嗣茲予審訓命汝昔君文王武王宣重光奠麗陳教則肄肄不違用克達殷集大命在後之侗敬迓天威嗣守文武大訓無敢昏逾今天降疾殆弗興弗悟爾尚明時朕言用敬保元子釗弘濟于艱難柔遠能邇安勸大小庶邦思夫人自亂于威儀爾無以釗冒貢于非幾

葉公葉公子高楚縣公將死命其子

毋以小謀敗大作毋以嬖御人疾莊后毋以嬖御士疾莊士大夫卿士

魏武帝曹操告子丕等按此條與下魏收李勣並録之者不以人廢言也

吾在軍中執法是也至小忿怒大過失不當效

戒子言　魏文帝曹丕戒子又使弟植守鄴戒之

父母於子也雖肝腸腐爛為其掩蔽不欲使鄉黨士友聞其罪過然行之不改久久自知之用此仕官不亦難

乎又曰吾昔為頓邱令年二十三思此時所行無悔於今令汝年二十三矣可不勉與

蕭嶷南齊高帝子豫章文獻王戒子子廉子恪等

凡富貴少不驕奢以約失之者鮮矣漢世以來侯王子弟以驕恣之故大者滅身喪族小者削奪邑地可不戒哉吾之後當共相勉勵篤睦為先才有優劣位有通塞運有貧富此自然之理無以相凌侮勤學行守基業修閨庭尚閒素如此足無患

戒子言　光武秀字文叔每旦視朝日昃乃罷夜分乃寐皇太子見帝勤勞不怠承間諫曰陛下有湯禹之明而失黃老養性之福願頤愛精神優游自寧帝曰

我自樂此不爲疲也

敕後主辭　蜀漢先主備字元德涿郡人子後主禪字公嗣凡一章

朕初疾但下痢耳後轉襍他病殆不自濟人五十不稱夭年已六十有餘何所復恨不復自傷但以卿兄弟爲念射君到説丞相歎卿智量甚大增修過於所望審能如此吾復何憂勉之勉之勿以惡小而爲之勿以善小

而不為惟賢惟德能服于人汝父德薄勿效之可讀禮記漢書閑暇歷觀諸子益人意智又曰汝與丞相從事事之如父

帝範　唐太宗　隴西人諱世民為書十二篇戒子高宗治　按帝範十二篇其首尾兩條則節錄前後序也

蓋聞大德曰生大寶曰位樹之君上所以撫育黎元自非明哲武文安可叨臨神器先皇當經綸之會寔定王業逮余以弱冠之年思靜大難躬擐甲冑親當矢石翦

長鯨而清四海掃欃槍而廓八紘既而承慶（按原本作乘慶）天潢濫登（按原本作登暉）璇極戰戰兢兢若臨深而御朽日慎一日思善始而令終汝以幼年偏種慈愛義方多闕庭訓有乖不知稼穡之艱難未辨君臣之禮節廢寢忘食思此為憂披鏡前蹤博採史籍聚其要言以為近誡　如山嶽高峻而不動如日月貞明而普照寛大其志足以併包平正其心足以制斷奉先思孝處下思恭傾己勤勞以行德義此為君之體也（君體）　夫六合曠道大寳重

任遠近相持親疏並用則并兼路塞逆節不生是以封建親戚以為藩衛封之太彊則有噬臍之患致之太弱則無固本之理莫若衆建宗親而少其力使輕重相鎮憂樂是同盛衰一心安危同力（建親）

夫國之匡輔必恃忠良任使得人天下自治是以明君博訪英賢搜揚側陋求之則勞任之斯逸此以求賢為貴也（求賢）

夫良匠無棄材明君無棄士人材有長短才能有巨細君擇才而授官臣量已而授職則委任責成不勞而治此設官

不可不審也審官　夫王者高居深視虧聽阻明恐有過而不聞懼有闕而莫補虛心思獻替之謀傾耳佇忠正之說昏主則不然說者拒之以威勸者窮之以罪大臣惜祿而莫諫小臣畏誅而不言其為壅塞無以自知此拒諫之惡也納諫

夫讒佞之徒國之蝨賊也惡忠賢之在己上恐富貴之不我先先意承旨以悅於君巧言令色以親于上今人顏貌同于目際猶不自瞻是非在于無形焉能自覩況逆耳之詞難受順心之說易從故明

主納諫病就苦而能消暗主從諛命因甘而致殞可不戒哉 去讒

夫君者儉以養性靜以修身儉則民不勞靜則下不擾不竭民力不匱民財亂世之君極其驕奢恣其嗜慾人神憤怨上下乖離佚樂未終傾危已至此驕奢之忌也 戒盈

夫奢儉由人安危在己斯二者榮辱之端五關近閑則令德遠盈千慾內攻則凶源外發故驕出於志不節則志傾慾生於身不遏則身喪故桀紂肆情而禍結堯舜約己而福延可不務乎 崇儉

顯罰以威

之明賞以化之威立則惡者懼化行則善者勸故賞者不德君功之所致也罰者不怨上罪之所當也故云無偏無黨王道蕩蕩此賞罰之權也賞罰

夫食為民天農為政本國無九歲之儲不足備水旱家無一年之服不足禦寒暑故上不節心則下多逸志莫若約已正身則民不言而化矣矜農

夫土地雖廣好戰則人彫邦境雖安妄戰則民殆是以勾踐軾蛙卒成霸業徐偃棄武終於喪邦何則越習其威徐忘其備也閲武

夫宏風導俗

莫尚于文敷教訓民莫善于學因文以隆道假學以光身質蘊吳竿非筈羽不美性懷辨慧非積學不成此崇文之術也崇文

此十二條帝王之大綱安危興廢咸在茲焉古人有云非知之艱唯行不易行之可勉唯終實難是暴亂之君非獨明于惡路聖哲之主豈獨見于善途良由大道遠而難遵邪徑近而易踐小人俯從其易不能力行其難是知禍福無門唯人所召欲悔非于既往唯慎過于將來擇哲王以師焉思以古為前鑒夫取

法于上僅得為中取法于中故為其下自非上哲不可效焉吾在位以來所制多矣奇麗翫服錦繡珠玉不絕於前此非防慾也雕楹刻桷高臺深池每興其役此非儉志也犬馬鷹鶻無遠必致此非節心也數有行幸以亟勞人此非屈己也斯數事者吾之深過勿以兹為是而取法焉（按原本作後法）但我濟育蒼生其益多矣平定區宇厥功大矣益多損少人不以為怨功大過微德未以之虧然猶盡美之蹤于焉多媿盡善之道顧此懷慙況汝無

纖毫之功直緣基而履慶若崇善以廣德則業泰而身安若肆情以縱非則業傾而身喪且成遲敗速者國基也失易得難者天位也可不慎哉可不惜哉

戒皇屬　國朝太宗類苑

太宗嘗謂皇屬曰朕即位十三年矣外絶游觀之樂內卻聲色之娱汝等生于富貴長自深宫夫帝子親王先須克己每著一衣則憫蠶婦每餐一食則念耕夫至于聽斷之間勿先恣其喜怒朕每親臨庶政豈敢憚于焦

勞汝等勿鄙人短勿恃己長乃可永久富貴以保終吉

先賢有言逆吾者是吾師順吾者是吾賊不可不察也

庭聞　孔子名丘字仲尼魯人子鯉字伯魚仲尼嘗獨立鯉趨而過庭聞斯二者

學詩乎不學詩無以言學禮乎不學禮無以立又曰女為周南召南已乎不為周南召南其猶正牆面而立也與

家戒　王肅字子雍魏散騎常侍家戒歐陽詢所記為詳　按肅東海人

夫酒所以行禮養性命為歡樂也過則為患不可不慎

是故賓主百拜日飲酒而不得醉先王所以備酒禍也凡為主人飲客使有酒色而已無使致醉若為人所強必退席長跪稱父戒以辭之敬仲辭君而況于人乎為客又不得唱造酒史也若為人所屬下坐行酒隨其多少犯令行罰示有酒而已無使多也禍變之興常于此作所宜深慎

杜恕字務伯京兆人魏黄門侍郎稱東郡張閣之為人

張子臺視之以鄙樸人然其心中不知天地間何者為

美何者為好敦然以與陰陽合德者作人如此自可不富即貴然而禍患當何從而來

嵇康字叔夜譙國人晉中散大夫

人無志非人也但君子用心量其善者必擬議而後動若志之所之則口與心誓守死無二恥躬不逮期于必濟若心疲體懈或牽于外物或累于内欲不堪患不忍小情則議于去就議于去就則二心交爭二心交爭則向所見議之情勝矣或有中道而廢或有未成而敗以

之守則不固以之攻則怯弱與之誓則多違與之謀則善泄臨樂則肆情處逸則極意故雖繁華熠燿無結秀之效終年之勤無一旦之功斯君子所以嘆息也所居長吏但宜敬之而已矣不當極㝐不宜數往往當有時其有衆人又不當獨在後又不當前所以然者長吏喜問外事或時發舉則恐為人所說無以自免也宏行寡言慎備自守則恐責之路解矣其立身自當清遠若有煩辱欲人之盡命託人之請求謙言辭謝某素不預此

輩事當相安諒耳若有怨急心所不忍可外違拒害為濟之所以然者上遠宜適之幾中絕常人溪輩之求下全東修無誨之文按本集作下全束修無玷之稱稱此又秉志之一隅也

戒子言　仲孫貜孟釐子魯卿且死誡其嗣懿子仲孫何忌

吾聞聖人之後雖不當世必有達者今孔丘年少好禮其達者與吾即沒若必師之

孫叔敖楚相將死戒其子叔敖死王以美地封其子子辭請寢邱累世不失

王數封我矣吾不受也我死王則封汝必無受利地楚越之間有寢邱者此其地不利而名惡可長有者惟此也

歐陽地餘千乘人漢元帝少府將死戒子 按地餘係歐陽生字正思之孫世受尚書

我死官屬即送汝財物慎毋受汝九卿儒者子孫以廉潔著可以自成

嚴光或云嚴君平姑存之 按光字子陵餘姚人光武時除諫議大夫不屈耕于富春山君平名遵臨邛人以卜易隱于成都市

十誡嗜欲者潰腹之患也貨利者喪身之仇也嫉妬者

凶軀之害也讒慝者斷脛之兵也謗毀者雷霆之報也殘酷者絶世之殃也陷害者滅嗣之塲也博戲者殫家之漸也嗜酒者窮餒之始也

樊宏字靡卿南陽人後漢壽張侯為人謙柔畏謹不求苟進常戒其子

富貴盈溢未有能終者吾非不喜榮勢也天道惡滿而好謙前世貴戚皆明戒也保身全已豈不樂哉

辛憲英辛毗女羊耽妻子琇為鍾會參軍代蜀英憂之

行矣戒之古之君子入則致孝於親出則致節於國在

職思其所司在義思其所立不遺父母憂患而已軍旅之間可以濟者其惟仁恕乎汝其謹之

源賀後魏太尉遺令勑諸子　按賀西平人

吾頃以老患辭事不悟天慈降恩爵逮于汝汝其毋傲吝毋荒怠毋奢越毋嫉妬疑思問言思審行思恭服思度遏惡揚善親賢遠佞目觀必貞耳屬必正誠勤以事上清約以臨己吾終之後所葬時服單櫝足申孝心芻靈明器一無用也

宋隱字處默西河人魏道武時
領吏部選臨終謂其子

汝等苟能入順父兄出悌鄉黨仕郡幸而至功曹史以忠清奉上足矣不勞遠詣臺閣也

向朗字巨達襄陽人蜀左將軍　按襄陽記此條
遺言戒子蜀志朗子條景耀中為御史中丞

天地和則萬物生君臣和則國家平九族和則動得所求靜得所安是以聖人守和以存以亡也吾楚國之小子耳而早喪所天為二兄所誘養使其性行不隨祿利以墮今但貧耳貧非人患惟和為貴汝其勉之

曹袞 魏武子中山恭王其世子孚嗣

汝幼少未聞義方早為人君但知樂不知苦不知苦必將以驕奢為失也接大臣務以禮雖非大臣者猶宜荅拜事兄以敬恤弟以慈兄弟有不足之行當造膝諫之諫之不從流涕喻之喻之不改乃白其母若猶不改當以奏聞并辭國土與其守寵罹禍不若貧賤全身也此亦謂大罪惡耳其微過細過當掩之

士會 字季晉大夫食邑于隨曰武子後更受范曰范武子將老召其子士爕戒之

變乎吾聞之喜怒以類者鮮易者實多詩曰君子如怒亂庶遄沮君子如祉亂庶遄已君子之喜怒以已亂也弗已者必益之郤子其或者欲已亂于齊不然余懼其益之也爾從二三子惟敬

高漢筠後晉客省使在常山戒子意㝠常山從其欲也　按漢筠字時英齊州歷山人見薛居正五代史

吾遊歷多矣觀風俗淳厚以經術相尚罕得如此地者教子訓孫可為終焉之計負國鑾荒以為田種樹以成

圍凡議婚嫁必接士人

荀勗字公曾潁陰人晉尚書令或勸有所營置令有歸戴者勗語諸子

人臣不密則失身樹私則背公是大戒也汝等亦當宦達人間宜識吾此意

戒子言

阮籍字嗣宗陳留人晉步兵校尉與兄子咸字仲容皆任達不拘子渾少慕通達不飾小節籍謂曰

仲容已豫吾此流汝不得復爾

崔冏字法俊清河人北齊鴻臚卿臨終戒其二子

夫恭儉福之輿傲侈禍之機乘福輿者浸以康休蹈禍機者忽而傾覆汝其戒與

牛宏 隋光禄大夫按宏字顯仁鶉觚人

汝等子孫宜誠敬自立

傅奕 相州人唐太史令臨終戒其子

周孔六經是為名教汝宜習之妖人亂華舉時皆惑唯獨竊嘆衆不我從悲夫汝等勿學也

房喬 字元齡齊州人唐宰相集古今聖賢戒書于屏風令諸子各取其一因戒之

不可以地望陵人驕奢沉溺衰家累葉忠節是吾所尚汝宜師遵

閻立本京兆人唐武后右相立本雖有應務之才尤善圖畫太宗嘗與侍臣學士泛舟春苑池中有異鳥隨波容與詔坐者為詠令立本寫焉不勝愧赧退戒其子　按立本新舊唐書皆不載其字兄讓字立德以字行則立本當亦以字行也

吾少好讀書幸免牆面緣情染翰頗及儕輩唯以丹青見知躬廝役之務辱莫大焉汝宜深戒勿習此末技

穆寧懷州人唐秘書監通達體命未嘗服藥每戒諸子

吾聞君子之事親養志為大直道而已慎無為諂吾之志也

張霸 字伯饒成都人後漢侍中

人生一世但當畏敬于人若不善加己直為受之

誨子弟言 朱仁軌 字德容唐逸人門人諡曰孝友先生敬則其弟也

終身讓路不枉百步終身讓畔不失一段

戒子孫言 王祥 字休徵琅邪人晉三公疾篤遺令訓子孫

夫言行可復信之至也推美引惡德之至也揚名顯親

孝之至也兄弟怡怡宗族欣欣悌之至也臨財莫過乎讓此五者立身之本

李襲譽 字茂實隴西人涼州都督

吾近京有賜田十頃耕之可以充食河内有賜桑千樹蠶之可以充衣江東所寫之書讀之可以立身吾没之後爾曹但能勤此三事亦何羨于人

姚崇 字元之陝州人唐宰相遺令戒子孫

古人云富貴者人之怨也貴則神忌其滿人惡其上富

則鬼瞰其室虜利其財自開闢已來書籍所載德薄任重而能壽考無咎者未之有也故范蠡疏廣之輩知止足之分前史多之况吾才不逮古人而久竊榮寵位逾高而益懼恩彌厚而增憂往在中書遘疾虛憊雖終匪懈而諸務多闕薦賢自代屢有誠祈人欲天從竟蒙哀允優遊園沼放浪形骸人生一代斯亦足矣田巴云百年之期未有能至王逸少云俛仰之間已為陳迹誠哉此言此日見諸達官身亡已後子孫既失覆蔭多至貧

寒斗尺之間參商是競豈惟自玷乃更辱先無論曲直俱受嗤毀莊田水碾既衆有之遞相推倚或致荒廢陸賈石苞皆古之賢達也至預為定分以絕後爭吾靜思之深所嘆息昔孔子大聖母墓毀而不修梁鴻至賢父亡席卷而葬楊震趙咨盧植張奐皆當代英達通識今古咸有遺言屬以薄葬或濯衣時服或單帛幅巾子孫皆遵成命迄今以為美談凡厚葬之家例非明哲或溺於流俗不察幽明咸以奢厚為忠孝以儉薄為慳惜至

令亡者致戮尸暴骨之酷存者陷不忠不孝之誚可為痛哉可為痛哉且五帝之時父不葬子兄不哭弟言其致仁壽無夭横也三王之代國祚延長人用休息其人臣則彭祖老聃之類皆享遐齡當此之時未有佛教豈抄經鑄像之力設齋施物之功耶宋書西域傳者名僧為白黑論理澄明白足解沉疑宜觀而行之且死者是常古來不免所造經像何所施為夫釋迦之本法為蒼生之大弊汝等各宜警策勿效兒女子曹終身不悟也

吾亡後必不得輒用餘財為無益之佛事亦不得妄出私物徇追福之虛談道士者本以元牝為宗初無趨競之教而無識者慕僧家之有利約佛教而為業欲尋老君之說亦興道齋之文又用僧利失之彌遠汝等勿拘鄙俗輒屈于家汝等身沒之後亦教子孫依吾此法

戒子通録卷二

宋　劉清之　撰

家訓　顔之推

琅邪人終隋開皇太子學士著書二十篇訓子思魯等其大畧具此

按之推字子介顔子三十五世孫子思魯字孔歸唐秦府記室

夫聖賢之書教人誠孝慎言檢迹立身揚名亦已備矣吾今所以復為此者非敢軌物範世也業以整齊門内提撕子孫夫同言而信信其所親同命而行行其所服禁童子以暴虐則師友之戒不如傅婢之指揮止凡人

之閫閾則堯舜之道不如寡妻之誨諭吾望此書為汝曹之所信猶賢于傅婢寡妻耳

吾家風教素為整密昔在齠齓便蒙誨誘每從兩兄曉夕溫凊規行矩步安辭定色鏘鏘翼翼若朝嚴君焉賜以優言問所好尚勵短引長莫不懇篤

嬰稚識人顏色知人喜怒便加教誨使為則為使止則止比及數歲可省笞罰父母威嚴而有慈則子女畏慎而生孝矣吾見世間無教而有愛每不能然飲食運為恣其所欲宜誡翻獎應訶反笑至

有識知謂法當爾驕慢已習方復制之捶撻至死而無威忿怒日隆而增怨逮乎成長終為敗德孔子云少成若天性習慣如自然是也俗諺曰教婦初來教兒嬰孩誠哉斯語　凡人不能教子女者亦非欲陷其罪惡但重於呵怒傷其顏色不忍楚撻慘其肌膚耳當以疾病為諭安得不用湯藥針艾救之哉王父司馬按家訓原本作王大司馬下亦作王在湓城無父字　母魏夫人性甚嚴正王父在湓城時為三千人將年踰四十少不如意猶捶撻之故能成其

勳業梁元帝時有一學士聰敏有才為父所寵失于教義一言之是徧于行路終年譽之一行之非掩藏文飾冀其自改年登婚宦暴慢日滋竟以言語不擇為周逖抽腸釁鼓云

父子之嚴不可以狎骨肉之愛不可以簡簡則慈孝不接狎則怠慢生焉由命士以上父子異宮此不狎之道也抑搔癢痛懸衾篋枕此不簡之教也

人之愛子罕亦能均自古及今此弊多矣賢俊者自可賞愛頑魯者當矜憐有偏寵者雖欲以厚之更所以

禍之共叔之死母實為之趙王之戮父實使之　夫有人民而後有夫婦有夫婦而後有父子有父子而後有兄弟一家之親此三者而已矣自茲以往至於九族皆本於三親焉故于人倫為重者也不可以不篤兄弟者分形連氣之人也方其幼也父母左提右挈前襟後裾食則同案衣則同服學則連業遊則共方雖有悖亂之人不能不相愛也及其壯也各妻其妻各子其子雖有篤厚之人不能不少衰也娣姒之比兄弟則踈

薄矣今使疎薄之人而節量親厚之人猶方底而圓蓋必不合矣唯友悌深至不為傍人之所移者免夫二親既没兄弟相顧當如形之與影聲之與響愛先人之遺體惜己身之分氣非兄弟何念哉兄弟之際異於他人望深則易怨他親則易弭譬猶居室一穴則塞之一隙則塗之則無頹毀之慮如雀鼠之不恤風雨之不防壁陷楹淪無可救矣僕妾之為雀鼠妻子之為風雨甚哉兄弟不睦則子姪不愛子姪不愛則羣從疎薄羣從

疎薄則僮僕為讎敵矣如此則行路皆蹈其面而蹈其心誰救之哉人或交天下之士皆有歡愛而偏失敬于兄者何其能多而不能少也人或將數萬之師得其死力而失恩于弟者何其能疎而不能親也　娣姒者多爭之地也使骨肉居之亦不若各歸四海感霜露而相思佇日月之相望也況以行路之人處多爭之地能無間者鮮矣所以然者以其當公務而執私情處重責而懷薄義也若能恕己而行換子而撫則此患不生矣　人

之事兄不可不同于事父何為愛弟不及愛子乎是反照而不明也　沛國劉璡嘗與兄瓛連棟隔壁瓛呼之數聲不應良久方答瓛怪問之乃云尚未著衣帽故也以此事兄可以免矣　吉甫賢父也伯奇孝子也賢父御孝子合得終于天性而後妻間之伯奇遂放曾參婦死謂其子曰吾不及吉甫汝不及伯奇王駿喪妻亦謂人曰我不及曾參子不如華元並終身不娶此等足以為戒其後假繼慘虐孤遺離間骨肉傷心斷腸者何可

勝數慎之哉　江左不諱庶孽喪室之後多以妾媵終家事疥癬蚊虻或未能免限以大分故稀鬭鬩之恥河北鄙于側出不預人流是以必須重娶至于三四母年有少于子者後母之弟與前婦之兄衣服飲食爰及婚嫁至于士庶貴賤之隔俗以為常身没之後辭訟盈公門謗辱彰道路子誣母為妾弟黜兄為傭播揚先人之辭迹暴露祖考之長短以求直已者往往而有悲夫自古奸臣佞妾以一言陷人者衆矣況夫婦之義曉夕移

時婢僕求容助相說引積年累月安有孝子乎此不可不畏　凡庸之性後夫多寵前夫之孤後妻必虐前妻之子非為婦人懷嫉妬之情丈夫有沉惑之僻亦事勢使之然也前夫之孤不敢與我子爭家提携鞠養積習生愛故寵之前妻之子每居己生之上宦學婚嫁莫不為防焉故虐之異姓寵則父母被怨繼親虐則兄弟為讎家有此者皆門戶之禍也　生民之本要當稼穡而食桑麻以衣蔬果之蓄園場之所產雞豚之善塒圈之

所生爰及棟宇器械樵蘇脂燭莫非種植之物也至能守其業者閉門而為生之具以足但家無鹽井耳今北土風俗率能躬儉節用以贍衣食江南奢侈不逮焉世間名士但務寛仁至于飲食饟饋僮僕減損施惠然諾妻子節量狎侮賔客侵耗鄉黨此亦為家之巨蠹矣

婦主中饋唯事酒食衣服之禮耳國不可使預政家不可使幹蠱如有聰明才智識達古今正當輔佐君子助其不足必無牝雞晨鳴以致禍也　江東婦女略無

交遊其婚姻之家或十數年間未有識者唯以信命贈遺致殷勤焉鄴下風俗專以婦持門户爭訟曲直造請逢迎車乘填街衢綺羅盈府寺代子求官為夫訴屈此乃恒代之遺風乎太公曰養女太多一費也陳蕃云盜不過五女之門女之為累亦已深矣然天生烝民先人傳體其如之何世人多不舉女賊行骨肉如此而望福於天乎

諺云婦人之性率寵子壻而虐兒婦寵壻則兄弟之怨生焉虐婦則姊妹之讒行焉然則女之行留

皆得罪于其家者母實為之至有諺云落索阿姑飡此其相報也家之常弊可不戒哉　近世嫁娶有賣女納財買婦輸絹比量祖父計較錙銖責多還少市井無異或猥壻在門或傲婦擅室貪榮求利返招羞耻可不慎歟　借人典籍皆須愛護先有缺壞就為補治此亦士大夫百行之一也濟陽江禄讀書未竟雖急速必待卷束整齊然後得起故無損敗人不厭其求假焉或有狼籍几案分散部帙多為童幼婢妾之所點汙風雨蟲鼠

之所毀傷實為累德吾每讀聖人之書未嘗不肅敬對之其故紙有五經詞義及賢達姓名不敢穢用也　吾家巫覡符章絶于言議汝曹所見勿為妖妄　俗云辰日不哭哭則重喪今無教者辰日有喪不問輕重舉家清謐不敢發聲以辭弔客　昔者周公一沐三握髮一飯三吐飧以接白屋之士一日所見七十餘人晉文公以沐辭豎頭須致有圖反之誚門不停賓古所貴也失教之家閽寺無禮或以主君寢食嗔怒拒客未通江南

深以為恥黄門侍郎裴之禮號善為士大夫有如此輩對賓杖之其門生僮僕接于他人折旋俯仰辭色應對莫不肅敬與主無别也　用其言棄其身古人所耻凡有一言一行取于人者皆顯稱之不可竊人之美以為已力雖輕雖賤必歸功焉竊人之財刑辟之所處竊人之美鬼神之所責　士大夫子弟數歲已上莫不被教多者或至禮傳少者不失詩論及至冠婚體性稍定因此天機倍須訓誘有志尚者遂能磨礪以就素業無履立

者自茲隋慢便為凡人生在世會當有業農民則計量耕稼商賈則討論貨賄工巧則致精器用伎藝則沉思法術武夫則慣習弓馬文士則講議經書多見士大夫耻涉農商羞務工伎射既不能穿札筆則纔記姓名飽食醉酒忽忽無事以此銷日以此終年或因家世餘緒得一階半級便謂為足安能自苦及有吉凶大事議論得失蒙然張口如坐雲霧公私宴集談古賦詩塞默低頭欠伸而已有識旁觀代其入地何惜數年勤學長受

一生愧辱哉洎梁朝全盛之時貴遊子弟多無學術至於諺云上車不落則著作體中何如則祕書無不薰衣剃面傅粉施朱駕長簷車跟高齒屐坐棋子方褥憑班絲隱囊列器玩于左右從容出入望若神仙明經求第則雇人答策三九公讌則假手賦詩當爾之時亦快士也及離亂之後朝市遷革銓衡選舉非復曩者之親當路秉權不見昔時之黨求諸身而無所得施之世而無所用披褐而喪珠失皮而露質兀若枯木泊若窮流孤

獨戎馬之間轉死溝壑之際當爾之時誠駑材也　有學藝者觸地而安自荒亂已來諸見俘虜雖百世小人知讀論語孝經者尚為人師雖千載冠冕不曉書記者莫不耕田養馬以此觀之安可不自勉也若能常保數百卷書千載終不為小人也　夫明六經之指涉百家之書縱不能增益德行敦厲風俗猶為一藝得以自資父兄不可常依鄉國不可常保一旦流離無人庇廕當自求諸身耳諺曰積財千萬不如薄技在身而况易習而

可貴者無過讀書也世人不問愚智皆欲識人之多見事之廣而不肯讀書是猶求飽而懶營饌欲暖而惰裁衣也　夫讀書之人自羲農已來宇宙之下凡識幾人凡見幾事生民之成敗好惡固不足論天地所不能藏鬼神所不能隱也　人見隣里親戚有佳快者使子弟慕而學之不知使學古人皆其蔽也世人但知跨馬被甲長矟强弓便云我能為將不知明乎天道辨乎地利比量逆順鑒達興亡之妙也但知承上接下積財聚穀

便云我能為相不知敬鬼事神移風易俗調節陰陽薦舉賢聖之至也但知私財不入公事夙辦便云我能治民不知誠己型物執轡如組反風滅火化鴟為鳳之術也但知抱令守律早刑晚舍便云我能平獄不知同轅觀罪分劍追財假言而姦露不問而情得之察也爰及農商工賈厮役奴隸釣魚屠肉飯牛牧羊皆有先達可為師表博學求之無不利于事也　夫所以讀書學問本欲開心明目利于行耳未知養親者欲其觀古人之

先意承顏怡聲下氣不憚劬勞以致甘腝惕然慙懼起而行之也未知事君者欲其觀古人之守職無侵見危授命不忘誠諫以利社稷惻然自念思欲效之也素驕奢者欲其觀古人之恭儉節用卑以自牧禮為教本敬者身基瞿然自失斂容抑志也素鄙恡者欲其觀古人之貴義輕財少私寡慾忌盈惡滿賙窮卹匱赧然悔恥積而能散也素暴悍者欲其觀古人之小心黜巳齒敝舌存含垢藏疾尊賢容衆薾然沮喪若不勝衣也素怯

懦者欲觀古人之達生委命强毅正直立言必信求福不回勃然奮厲不可恐懾也歷茲以往百行皆然縱不能淳去泰去甚學之所知施無不達世人讀書但能言之不能行之武人俗吏所共嗤詆良由是耳人讀數十卷之書便自高大凌忽長者輕慢同列人疾之如讎敵惡之如鴟梟如此以學求益今反自損不如無學也

田里間人音辭鄙陋風操蚩拙相與專國無所堪能問一言輙酬數百責其指歸或無要會鄴下諺云博士買驢

書券三紙未有驢字使汝以此為師令人氣塞孔子曰學也祿在其中矣今勤無益之事恐非業也　何晏王弼祖述元宗遞相誇尚景附草靡皆以農黃之化在乎己身周孔之業弃之度外而平叔以黨曹爽見誅輔嗣以多笑人被疾山巨源以蓄積取譏夏侯元以才望被戮嵇叔夜以排俗取禍郭子元以傾動權勢阮嗣宗沈酒荒迷謝幼輿贓賄黜削彼諸人者並其領袖元宗所歸其餘桎梏塵滓之中顛仆名利之下者豈可備言乎

直取其清談高論剖元析微賓主往復怡心悅耳非濟世成俗之要也　吾見世人清名登而金貝入信譽顯而然諾虧不知後之矛戟毀前之干櫓也宓子賤云誠於此者形于彼人之虛實真偽在乎心無不見乎迹但察之未熟耳一為察之所鑒巧偽不知拙誠承之以羞大矣伯石讓卿王莽辭政當于爾時自以巧密後人書之留傳萬代可為骨寒毛竪也　夫君子之處世貴能有益于物耳不徒高談虛論左琴右書以費人君祿位

也國之用材大較不過六事一則朝廷之臣取其鑒達治體經綸博雅二則文史之臣取其著述憲章不忘前古三則軍旅之臣取其斷決有謀強幹習事四則藩屏之臣取其明練風俗清白愛民五則使命之臣取其識變從宜不辱君命六則興造之臣取其程功節費開略有術此則皆勤學守行者所能辦也人性有長短豈責具美于六塗哉但當皆曉指趣能守一職便無愧耳吾見世中文學之士品藻古今若指諸掌及有試用多

無所堪居承平之世不知有喪亂之禍處廟堂之中不知有戰陣之急保奉祿之資不知有耕稼之苦肆吏民之上不知有勞役之勤故難可以應世經務也　古人欲知稼穡之艱難斯盖貴穀務本之道也夫食為民天民非食不生矣三日不粒父子不能相存耕種之茠鉏之刈穫之載積之打拂之簸揚之凡幾涉手而入倉廩安可輕農事而貴末業哉江南朝士因晉中興而渡江本為羇旅至今八九世未有力田悉資俸祿而食耳假

令有者皆信僮僕為之未嘗目觀起一墢土耘一株苗不知幾月當下幾月當收安識世間餘務乎故治官則不了營家則不辦皆優閒之過也　諫諍之徒以正人君之失爾必在得言之地當盡匡贊之規不容苟免偷安垂頭塞耳至于就養有方思不出位干祿非其任斯則罪人故表記云事君遠而諫則諂也近而不諫則尸利也論語曰未信而諫人以為謗己也　君子當守道崇德蓄價待時爵祿不登信由天命須求趨競不顧羞

懟比較材能斟量功伐厲色揚聲東怨西怒或有劫持宰相瑕疵而獲酬謝或有諠聒時人視聽求見發遣以此得官謂為才力何異盜食致飽竊衣取溫哉　世見躁競得官者便為弗索何獲不知時運之來不索亦至矣見靜退未遇者便為弗為胡成不知風雲不與徒求無益也　禮云欲不可縱志不可滿宇宙可臻其極情性不知其窮唯在少欲知足為立涯限爾先祖靖侯戒子姪曰汝家書生門戶世欲富貴自今仕宦不可過二

千石婚姻勿貪勢家吾終身服膺以為名言也　自亂離已來吾見名臣賢士臨難求生終為不救徒取窘辱令人憤懣侯景之亂王公將相多被戮辱妃主姬妾略無全者唯吳郡太守張嵊建義不捷為賊所害辭色不撓及鄱陽王世子謝夫人登屋詬怒見射而斃夫人謝遵女也何賢智操行若此之難婢妾引決若此之易悲夫　醫方之事取妙極難不勸汝曹以自命也微解藥性小小和合居家得救急亦為勝事皇甫謐殷仲堪則

其人也

唐柳玭序訓為御史大夫按玭京兆華原人太保公綽之孫僕射中郢之第四子昭宗時官御史大夫

先祖河東節度使公綽在公卿間最名有家法中門東有小齋自非朝謁之日每平旦輒出小齋諸子皆束帶晨省於中門之北公綽決私事接賓客與弟公權及羣從弟再會食自旦至暮不離小齋燭至則命子弟一人執經史躬讀一過訖乃講議居官治家之法或論文聽

琴至人定鐘然後歸寢諸子復昏定于中門之北凡二十餘年未嘗一日變易其遇饑歲則諸子皆蔬食曰昔吾兄弟侍先君為丹州刺史以學業未成不聽食肉吾不敢忘也祖母韓夫人相國休之曽孫相國滉之孫僕射貞公臯之長女家法嚴肅儉約為搢紳家楷範歸我家三年無少長未嘗見啟齒貞公在省為僕射先公於襄陽加端揆常衣絹素不用綾羅錦繡貞公親仁里有宅每歸覲不乘金碧輿祇乘竹兠子二青衣步履以隨

貞公歎乃御下之儉也常命粉苦參黃連熊膽和為丸賜先公及諸叔每永夜習學含之以資勤苦　先公居外藩先公每入境羣邑未嘗知既至每出入常于戟門外下馬呼幕賓為丈皆許納拜未嘗笑語款洽牛相國辟為武昌從事動遵禮法奇章公歎曰非積習名教不及此　先公以禮律身居家無事亦端坐拱手出內齋未嘗不束帶三為大鎮廐無良馬衣不薰香公退必讀書手不釋卷家法在官不奏祥瑞不度僧道不貸贓吏

法凡理藩府急於濟貧卹孤有水旱必先期假貸廩粟軍食必精豐逋租必貰免館傳必增飾宴賓犒軍必華盛而交代之際倉儲帑藏必盈溢于始至境內有孤貧衣纓家女及笄者皆為選壻出俸金為資裝嫁之 叔父少保公權字誠懸玭兄弟嘗從諸季父送別東郊僕馬在門會陰晦多雨具少保因言我少時家貧當房嚴訓年十六當房經鮑陂人家致祭處分先往撰文時甚雪衹得一驢女家人清淨隨後得一破褥子披至鮑陂

為莊客所哀為燔薪得附火為文寫上板子當房朝下
到莊呈祝版此時免科責便滿望豈暇知寒今日雖散
退還得爾許官爾等作得祭文者有幾人皆乘馬有油
衣吾為爾等憂少保曉聲律而不好樂常云聞樂令人
驕惰　先妣韋夫人外王父相國文公貫之奕世以貞
諒峻鯁稱先夫人事君舅君姑凡十一年晨省于雞鳴
昏定于初夕未嘗闕梁國夫人有疾先夫人一月不下
堂早夜奉養疾愈始歸院文公及第登諫科判入高等

授長安尉秩滿困窮穴地燔薪噉豆糜以禦冬。孝公房舅謂余弟兄曰：爾家雖非鼎甲，然中外名德冠冕之盛，亦可謂華腴。右族玭自聞此言，刻骨畏懼。夫門地高可畏不可恃，可畏者立身行己一事有墮先訓，則罪大於他人，雖生可以苟取爵位，死亦不可見祖先於地；不可恃者，門高則自驕，族盛則爲人窺嫉，實藝懿行人未必信，纖瑕微累十手爭指矣。所以承地胄者，修己不得不懇，爲學不得不堅。夫士君子生於世，已無能而望他人用之已無善而望他人愛之亦猶農夫鹵莽種之而怨大澤之不潤雖欲弗餒其可得乎余幼時每聞先公僕射與太保房叔祖講論家法莫不言立已以孝弟為基以恭默為本以畏怯為務以勤儉為法以交結為末事以氣焰為凶人肥家以忍順保交以簡敬百行備矣體之未臧三緘密慮言之或失廣記如不及求名如儻來去恡與驕庶幾寡過莅官則潔已省事而後可以言守法守法而後可以言養人直不近禍廉不沽名廩禄

雖微不可易黎甿之膏血樸楚雖用不可恣褊狹之胷襟憂與禍不偕潔與富不竝　余又比見名家子孫其祖先正直當官耿介特立不畏彊禦者及其衰也則但有暗劣莫知所宗此際幾微非賢不達　夫壞名災己辱先喪家其失有尤大者五宜深記之一是自求安逸靡甘淡泊苟便于己不恤人言二是不知儒術不閑古道懵前經而不恥論當世而解頤自無學業惡人有學三是勝己者厭之佞己者悅之唯樂戲談莫思古道聞

人之善嫉之聞人之惡揚之浸漬頗僻銷刓德義簪裾徒在厮養何殊四是崇好慢游耽嗜麴蘖以銜盃為高致以勤事為俗人習之易荒覺已難悔五是急于名宦暱近權要一資半級雖或得之衆怒羣猜鮮有存者兹五不韙甚于痤疽痤疽則砭石可瘳五失則神醫莫理前朝炯戒方冊具存近世覆車聞見相接　夫中人已下修詞力學者則躁進患失思展其用審命知退者則業荒文蕪一不足操唯智者研其慮博其聞堅其習精

其業用之則行舍之則藏苟異於斯孰為君子　余自幼奉嚴訓實自懇剋不敢以資基冐進分為州邑冗吏未嘗以一言求伸于公卿間今優游清切乃踰心期至於披閱墳史研求祕奧猶惜寸陰不知老之將至噫君臣父子之道禮樂刑政之規在于儒術是乃本源夫以憂虞疾疢有限之年自少及衰從旦至暮孜孜于本敎之事尚不得一二矧以他事撓之耶　語曰不有博弈者乎為之猶賢乎已此一章意義全在已字已者飽食

終日無所用心之人也如是者心智昏懶兼不及于博弈夫子以博弈為喻者乃深切于戒勸明言博弈為鄙事非許儒學不務經術但博弈耳吳宮之語可為格言近者又有葉子戲或聞其名本起婦女既鄙於握槊乃賭錢之流手執青蚨坐銷白日進德修業其若是乎

夫世族之源長慶遠與命位之豐約否泰不假問蓍龜不假徵星數處心行事而已今昭國里崔山南昆弟子孫之盛鄉族罕比山南曾祖母長孫夫人年高無齒祖

母唐夫人事姑孝每旦櫛縰笄拜于階下即升堂乳其姑長孫夫人不粒食數年而康寧一日疾病長幼咸萃宣言無以報新婦恩願新婦有子有孫皆得如新婦孝敬則崔之門安得不昌大乎　今東都仁和里裴尚書寬子孫衆盛實為名閥天后時宰相魏元同選尚書之先為長壻未成婚而魏陷羅織獄一家徙于嶺表來俊臣輩既死始霑恩還北魏之長女已踰笄及湖外其家議北裴必不復求婚淪落貧窶無以為衣食資詣老比

丘尼祈披緇居其寺女亦甘願下髮有日矣有客尼自外至聞其議曰一見魏氏女可乎見之曰此女俗福豐厚必有令匹子孫將徧天下宜事北歸言訖而去遂不敢議及荊門則裴自京洛賫資聘俟魏氏之北反已數月矣今勢利之徒奉權倖如不及捨信誓如反掌則裴之蕃衍乃天之報施也鄭司徒言于河南文公云裴某作刺史兒女皆飯餅餌人言其為吏清白與周結親愛不可不信矣　余季妹適宏農楊堪在蔣相國幕清刻

自持屬吏有饋獻皆不納嘗言不唯自清抑亦内助焉

余舊府高公先侍郎兄弟三人俱居清列非速客不二羮胾夕食齕蔔匏而已皆保重名于世　永寧王相國方居相位掌利權竇氏女歸請曰玉工貨一釵奇巧須七十萬錢王曰七十萬我一月俸金耳豈於女惜但一股釵七十萬此妖物也必與禍相隨女不復敢言數月女自婚姻會歸告王曰前時釵為馮外郎妻首飾矣乃馮球也王歎曰馮為郎吏妻之首飾有七十萬錢其可

久乎其善終乎馮為賈相門人最密（按王相涯賈相餗也）賈為東戶又取為屬郎賈有蒼頭頗張威福馮於賈忠將發之未能賈入相馮一日遇蒼頭於門召而勗之曰戶部中謗詞不一苟不悛必告相國奴泣拜謝而去未浹旬馮晨詣賈未興時方命設火內齋曰冠當出俄有二青衣賫銀罌出曰相公恐員外寒命奉地黃酒三杯馮悅盡舉之青衣入馮出告其僕御曰渴且咽粗能言其事食頃而終賈為馮興歎出涕竟不知其由又明年王賈皆

遘禍噫王以珍玩奇貨為物之妖信知言矣而徒知物之妖而不知恩權隆赫之妖甚于物邪馮以卑位貪寶貨已不能正其家盡忠所事而不能保其身斯亦不足言矣賈之臧獲害門客于墻廡之間而不知欲始終富貴其可得乎此雖一事作戒數端　又李相國泌居相位請徵陽道州為諫議大夫陽既至亦甚銜恩未幾李薨于相位其子蘩居喪與陽並居陽將獻疏斥裴延齡之惡嗜酒目昏以恩故子弟待蘩召之寫疏蘩彊記絕

筆誦于口録以呈延齡遽奏之云城將此疏行于朝數日矣道州疏入德宗已得延齡藁震怒俄斥道州竟不及蘗後為譙郡守虐誅巨盜不以法舒相元輿布衣時以文贄蘗蘗曰自此有一舒家銜之及為御史鞫譙獄入蘗罪不可解數年舒亦及禍今世人各盛言宿業報應之說曾不思視履考祥之事不其惑歟　余又見名門右族莫不由祖考忠孝勤儉以成立之莫不由子孫頑率奢傲以覆墜之成立之難如升天覆墜之易如燎

毛言之痛心爾宜刻骨　又余家世本以學識禮法稱於士林間比見諸家于吉凶禮制有疑文者多取正焉喪亂已來門祚衰落清風素範有不絶如綫之慮當禮樂崩壞之際荷祖先名教之訓弟兄兩人年將中壽基構之重屬于後生纂續則貧賤為榮隳墜則富貴可恥令所紀舊事十忘三四晝覽之夜思之悽心講求觸類滋長夫行道之人德行文學為根株正直剛毅為柯葉有根無葉按有根無葉四字原本脱去今從新唐書增入可或俟時有葉無根

膏雨所不能活也苟懵斯理欲紹家聲則今之流傳反成災害諦聽熟念以保令名至于孝慈友悌忠信篤行乃食之鹽醬不可一日無也豈必言哉比史官皆有序傳以紀宗門余初及行在尚守左史故敢以序訓為目

謄録監生臣張　琮